Frozen stock Recipes

U0085726

只需將"小份量的冷凍常備菜"裝進便當
無壓力的省時省錢健康吃！

日本常備菜教主

日日速配。冷便當

INTRODUCTION

感謝您打開這本書。

我想您會翻開她，應該是有每天製作便當的煩惱。

一直以來，我為大家介紹許多常備菜，

這回，則是挑選出最適合便當菜的調理法，

那是一種名為『小份量冷凍法』，將便當菜事先分裝成小份量，

進行冷凍保存的方法。

這樣的保存法似乎在哪裡聽過，

不過確實是至今，不曾有人想到過的菜餚常備方式。

要讓冷凍後的菜餚依舊美味，還是需要技巧。

本書中將詳細的傳授這些技巧給大家。

只要有小份量分裝好的冷凍常備菜，就算是製作便當的新手，

也可以快速簡單的做出，多彩美味的便當。

由於在分裝時，就已經完成了份量的分配，

剩下的只需選擇所需的菜色，直接快速的裝進便當裡！

菜餚都是在半解凍的狀態放進便當中，不需要花費降溫的時間。

此外，菜餚中心仍是冷凍的狀態，也具有不容易變質的優點。

也不需要擔心產生『結霜』，而造成便當變質。

本書介紹了豐富的191道菜色!!

不論是為了味道，或因為外觀一成不變而煩惱的朋友們，

所有製作便當時的困惑，都可以在這本書中找到解答！

如果本書能讓大家在每一天忙碌的生活中，

以安心的食材，更輕鬆的方法，

讓所有打開便當的人充滿笑容，就是我最大的榮幸。

松本有美（YU媽媽）

CONTENTS

CHAPTER 03
雞蛋・加工食品的配菜

蛋

大豆製品

肉類加工製品

海鮮加工品

乾貨・罐頭

本書注意事項

關於調理、微波的表示

☐ 計量單位1大匙為15ml、1小匙為5ml

☐ 調味量的份量標記為「少許」時，份量以拇指與食指捏起的量。標記份量為「1撮」時，則是拇指與食指與中指3指捏起的份量。

☐ 微波爐加熱時間以功率600W為基準、 烤箱功率為1000W機種，無調溫的小烤箱。依機種不同會產生些微差異。

☐ 使用微波爐與烤箱時，請依照說明書使用耐熱玻璃等容器、或分裝菜餚的小紙杯加熱。

☐ 洋蔥、胡蘿蔔等蔬菜，基本上需要去皮再調理；青椒、茄子、菇類基本需要去籽去蒂、切除底部的手續等，請依照需求事前處理，本書中不再另做說明。

☐ 材料中（）內為手續、份量狀態、如何準備等註記說明。白蘿蔔（切成2cm塊狀）…4cm是指，將4cm的白蘿蔔切成2cm塊狀，諸如此類的事前準備調理說明。

☐ 調理時請使用清潔的調理器具與保存容器。

關於冷凍保存時間

☐ 本書中所介紹的菜色，保存期間均為冷凍保存3週內。

☐ 保存期間為參考，依保存狀態與環境會有差異。

關於解凍加熱時間標示

☐ 本書中所有菜餚食譜均以半解凍，麵、飯類為全解凍（部分例外）可以裝入便當，為食譜設計考量。

○○秒（每○○秒單位）

☐ 所謂半解凍微波加熱時間（以及全解凍微波加熱時間、半解凍烤箱加熱時間），為裝入便當前解凍菜餚的所需時間。不論何者均為標記份量以600W功率的微波爐（烤箱為1000W功率）所需加熱時間。

☐ 同時需要加熱2個菜餚時，不要同時加熱，請各別加熱。

☐ 加熱時間為參考，依照冷凍前小量分裝的尺寸而異。請參考加熱狀態進行調整。

※ 本書中所指半解凍狀態，為食材外側微微加熱軟化，內側尚未加熱的狀態。

※ 如果不容易判別是否為半解凍的狀態，內側就算加熱了也無妨，如果是這樣的情況，請確實冷卻之後才裝入便當。

保鮮膜：○

保鮮膜使用與否表示如下

保鮮膜○	需要覆蓋保鮮膜加熱的菜餚
保鮮膜✕	不需要覆蓋保鮮膜加熱的菜餚
保鮮膜✕（廚房紙巾○）	不需要覆蓋保鮮膜、需要底下鋪墊廚房紙巾加熱的菜餚。

YU 媽媽小份量冷凍常備菜的便當
必讀訣竅！

只需要將菜餚調理好，分成小份冷凍保存。早上半解凍之後裝盒
製作便當這件事就變得無比輕鬆。將這些必讀訣竅介紹給大家

菜餚均分成小份量，
裝進便當超輕鬆！

將菜餚分成小份的優點，在於每一次的份量都在事前
便決定好。將手續提早完成，忙亂的早晨，只需要將
選好的菜色從保存容器中取出，瞬間裝進便當！

分成小份量的菜餚，只要有一點小空間，
都可以簡單的塞滿，非常方便！

每1份都是小份量，所以很好塞！加上裝盒時菜餚的中
心都還是硬硬的「半解凍」狀態，所以就算是熱炒或涼
拌這種容易鬆散的菜色，都很容易裝盒。

半解凍裝盒，
所以到中午就算帶著走都不容易變質！

在半解凍的狀態裝盒，所以無須等待放涼裝盒（※剛煮
好的飯要放涼）。製作便當的時間就可以縮短。冰冷的
便當本身就是保冷劑，就算帶著走到中午也不容易變
質，令人安心！

冷凍保存期間為 3 週。
比起冷藏常備菜，保存期限大幅延長

由於保存期間長，非常推薦給忙碌的人。在有空暇的日
子做一點冷凍常備，可以輕鬆的持續下去。請親自體驗
小份量冷凍常備菜的諸多優點！

YU 媽媽小份量冷凍常備菜便當
基本的思考方向

我時時都在思考,如何讓料理既不需要太傷腦筋,又能輕鬆愉快完成?
在此將我對準備便當的思考方向介紹給大家。請各位將這些方法變成自己思考的一部份,試試看

基本之 1

主菜以外的
配菜
放入 2 種以上

以主菜1種以上,配菜2種以上的方式
思考菜色。主食或主菜中有蔬菜的話,
配菜減少一點也沒問題。主食與菜餚比
例,請依照享用者的年齡與身體狀況,
作適當的調整。

基本之 2

盡量不要搭配
口味相似的菜餚

雖然說盡可能放入甜味、辣味、酸味等
口味各異的菜餚最理想,不過在味道的
搭配上不需要太傷腦筋,只要記住不要
放入相同味道的菜色就可以了。

基本之 3

顏色明亮
與黯淡的菜色
搭配組合

有意識的組合明亮的顏色(紅、黃、
綠、白),與黯淡的顏色(黑、咖啡、
紫),不論是視覺或是營養就可以自然
均衡。在裝盒的時候,注意同色系的菜
色不要相鄰放置。

基本之 4

放入"塊狀"菜餚,
外觀大幅提升!

所謂"塊狀"的菜餚,是指肉丸子或烤
魚等大塊狀的菜色。如果只放炒物或涼
拌等散狀菜餚,美觀度會下降,裝飾用
菜色(參考 P.104~105)也可以!

小份量冷凍常備菜的規則

提到冷凍的大敵便是 "乾燥" 與 "口感下降"。在此介紹解決這2個問題，保持美味的調理與保存訣竅給大家。這是我在長年使用冷凍保存法的經驗中，累積錯誤之後找到的方法，請大家務必試試看。

(*Preparation* | 準備篇)

☑ 選擇新鮮的食材

食材的鮮度左右食物的美味。買回來的食材趁早調理冷凍，留住食物的美味。過期前的食材比較容易變質，請避免購買。

☑ 使用清潔的容器與袋子,調理器具

常備菜保存時所使用清潔的容器、袋子、調理器具是基本的鐵則。除了洗乾淨、確實擦乾以外，也可以用酒精噴霧。

☑ 魚、肉所釋出的組織液, 請確實擦拭乾淨

魚、肉表面如果有釋出的組織液，請確實擦拭乾淨。這是造成風味下降與產生異味的原因。如果直接調理再冷凍，解凍後會讓細菌增生。

(*cooking* | 調理篇)

☑ 切成小尺寸, 做成小尺寸

為了便於裝入便當，不論是主菜或是配菜，要切得比平時小。如果是捲起來的菜色，也要切得細小一些再捲。

☑ 使用濃稠的醬汁

光澤度左右食材的美觀。但是有時候也會有放久了之後，湯汁被食材吸收的問題。將醬汁的濃度增加，湯汁就會停留在食材表面，保持光澤。

☑ 提高調味濃度

料理冷卻之後會讓人覺得味道變淡。調味比平時要再重口味一些，便當也比較不容易變質。如果擔心鹽份或糖分的攝取量，調得淡一些也沒關係。

蔬菜 為了保留口感所做的準備

燙得硬一點

烹調後的菜餚經過冷凍，食材中所含的水份會因為冷凍而膨脹，細胞膜破裂。這可以使調味料容易入味，不過在充分入味的同時，細胞膜也因為被破壞而讓食材變軟。特別是富含水份的蔬菜，在冷凍後口感更容易變軟，所以要比平時汆燙得更硬一些，才可以保留口感。

去除多餘水份

小黃瓜或胡蘿蔔這類水份較多的蔬菜，如果不加熱的話，使用鹽揉過也很有效。事先將食材內的水份脫水，冷凍中細胞膜所受的損傷也會降低，可以保留口感。

肉 防止乾燥所做的準備

以油包覆
可以防止乾柴

冷凍的肉或海鮮會乾柴的原因在於，食材的水份流失而變得乾燥。事先加入油搓揉，在表面形成油膜可以避免乾燥。

使用味醂或蜂蜜等
具有保濕效果的調味料

事前調味時如果不使用油，也可以使用味醂或蜂蜜、優格、美乃滋等，具有保濕效果的調味料。留住食材中的水份，預防乾柴。

多加一些麵包粉等
具有吸收水份特性的材料

多加一些麵包粉或太白粉等而不是調味料，藉助這些容易吸收水份的食材留住水份，也是一個防止乾燥的方法。本書中的配方比平時使用的份量更多一些。

麵

處理成方便享用的
尺寸

冷卻後的麵條，如果還是一樣長會變得不方便吃，調理前先處理成較短的尺寸。炒麵的話，可在袋子外以筷子壓切；義大利麵在下鍋前先折斷。

推薦這3個好用的容器

01　確實冷卻

菜餚在還熱熱的時候直接冷凍，會導致容器附著水滴，造成結霜，產生多餘的水份。此外，冷凍室中的溫度也會因此上升，造成其它食物變質，所以請在冷凍前確實降溫。此外，希望保留口感的蔬菜與菜餚，可以先攤放在調理盤上加速降溫。

02　選擇保存容器

請選擇密閉性高，蓋子可以確實密閉的保存容器與袋子。尺寸只要可以放入菜餚即可！請活用手邊已有的器具。

湯汁較多時

湯湯水水的容器易導致變質。請擦除多餘水份，或者擦拭乾爽之後再冷凍。為了不使味道在便當中影響其它菜餚，請裝盒前將菜餚移至小紙杯裡。

沒有適合的紙杯時

當菜餚尺寸太大，或是形狀特殊，沒有適合的裝盛小紙杯時，可以活用烘焙紙。

保存容器的蓋子蓋不上去時

不要蓋蓋子，將容器整個裝入保存袋中。為了避免氧化，以吸管吸出空氣後用手壓緊。

03 分成小份裝好

使用小紙杯或者利用離乳食品用的小分隔保存容器，以單一份分裝。炸雞塊或春卷等固形的菜餚，要直接放入保存袋時，訣竅是不要疊放保存。在裝便當時就可以迅速的取出1次所需份量。

04 冷凍

冰箱門開開關關會導致冷凍室內溫度上升。這樣一來冷凍的速度便會減緩，或者讓已經冷凍的菜餚解凍。請在菜餚放入冷凍室時，留意可以迅速拿取的收納法（參考P121），冰箱門開關也請盡量迅速完成。保存期間3週。

冷凍前一刻淋上醬汁

需要淋上醬汁的菜餚，為了不讓醬汁被食材過度吸收，在放入冷凍室前一刻才淋醬汁，隨即放入冷凍室！此外，本書會介紹為了不讓食材過度吸收醬汁，提高濃度（勾芡）的食譜。

如果標上料理名稱與製作日期
將會便利許多

為了不忘記自己在哪一天作了什麼料理，使用紙膠帶（布質）標示後貼上。本書所介紹的冷凍菜色，美味保鮮期為3週。請在期間內享用完畢！

Frozen stock Recipes

半解凍的基本

本書的菜餚均以半解凍狀態裝盒。所謂的半解凍,就是菜餚的表層為解凍狀態,但是中心還是冷凍狀態。
早晨的解凍調理時間非常短,也不需要將現做的菜色降溫再裝盒,是非常適合忙碌族群的方法。

(該不該覆蓋保鮮膜的選擇)

a 要蓋保鮮膜的

淋上醬汁的炸物,或是不需要保留口感的東西(例如煮物)。蓋上保鮮膜讓蒸氣潮濕的加熱食物。

b 不需要蓋上保鮮膜的

想留住口感,添加蔬菜的菜色(例如炒物),不要覆蓋保鮮膜讓水氣蒸發,爽脆的加熱。

c 不需要蓋上保鮮膜,
底下墊上廚房紙巾的

沒有淋上醬汁的炸物(例如可樂餅或春卷)。不要蓋上保鮮膜讓水氣蒸發,以廚房紙巾吸取多餘的油份,加熱出爽脆的口感。

(以微波爐(600W)
加熱至半解凍狀態)

菜餚以耐熱紙杯或者移至耐熱器皿上,以1份為單位微波加熱。加熱時間依照菜餚大小有所調整,請參考食譜上的時間,並依需要加減。以指尖觸摸紙杯底部確認,加熱至菜餚的外表解凍,中心還是冰冷的半解凍狀態。加熱不足時以5秒為單位再度加熱,如果不小心加熱過度時,請確實放涼之後再裝盒也可以。以鋁箔紙容器裝盛冷凍的菜餚,不需蓋上保鮮膜,放入小烤箱內(1000W)加熱至半解凍狀態。

使用方式與基準

鬆鬆的
覆蓋保鮮膜

如果以保鮮膜密封,會有在加熱中破裂的情況產生,所以請鬆鬆的覆蓋保鮮膜即可。

本書加熱時間以
微波功率600W為基準

本書所記載的加熱時間,以600W無轉盤微波爐為基準(flat Microwave oven)。如果是500W的話請增加1.2倍加熱時間,700W時以0.8倍調整加熱時間。相同瓦數也會因為機種與微波爐種類而有差異(無轉盤式,有轉盤式)請依照加熱狀態視需要調整時間。

瓦數與微波爐加熱時間換算表

500w	600W	700W
18 秒	15 秒	13 秒
24 秒	20 秒	17 秒
36 秒	30 秒	24 秒

※ 依照食材不同,各有所需適當的時間,換算表僅供參考,請依照實際需要加熱。

便利的保存容器

在部落格中大家非常關心在冷凍時所使用的保存容器。
在此介紹我常用的保存容器們。離乳食品用的專用容器,是我愛用的重要道具。

01. 製冰盒

最適合放入熱狗或者蘆筍等細長的食材。請選購有蓋子的。蓋子如果容易鬆脫時可使用橡皮筋固定。這2個都是在百元店購入。

02. 琺瑯保存盒

熱傳導效能高,可迅速的冷凍。蓋子是透明的,使用於冷凍庫中的琺瑯盒,推薦選購淺型的款式。不會染上味道與顏色,所以推薦給大量使用咖哩粉或番茄醬入菜的朋友。

03. 離乳食品保存用分隔保存盒

材料安全、輕便堅固、密封性高,非常好用!重複使用也不會變形,可在出售嬰兒用品的網路商店購得。最常使用的尺寸為一格50ml,炸雞也可以輕易放入。依照容量大小,我常使用的規格有50ml ×6格(richell.co.jp),50ml×4格、25ml×4格(均為pigeon.co.jp)、120ml(chuchubaby.jp)。清洗後重複使用。

04. 耐熱紙杯

用來保存乾炒咖哩等,一次想大份量享用的菜色。有蓋子並且耐熱,以微波爐半解凍後直接帶出門(※請取下蓋子後再加熱),1個280ml的容量,非常方便。

05. 保存袋

喜歡使用透明可以看到內容物的款式。不管裡面裝什麼一目瞭然,管理時也非常簡單。請務必選擇可以冷凍的款式。小份量冷凍比較適合的規格為S與M尺寸。

06. 鋁箔杯

以小份量的狀態,焗烤或雞蛋料理可以直接加熱,也可以使用小烤箱進行半解凍。可在百元商店製作點心材料區購得。不可微波加熱。

07. 小紙杯

容易影響味道的菜餚,或者其它的菜餚,放入紙杯中冷凍,取用時也很便利。以半解凍調理為前提,選用耐熱的產品。推薦選擇讓菜餚看起來更漂亮,透明或者顏色圖案簡單的使用。

10分鐘完成！便當的裝配法 LESSON

在此依序向大家介紹，如何將菜餚快速又美觀的裝進容器中，完成美味的便當。
就算是製作便當的新手，只要看完這篇，10分鐘就一定可以上手。請大家一定要學會！

01

白飯降溫

白飯降溫比較花時間，所以請一開始就冷卻。將白飯攤放在調理盤上可以加速降溫時間。趕時間或者夏天的時候，可以使用扇子搧涼幫助降溫。

02

選好搭配的菜色以微波加熱至半解凍狀態

只要先選好主菜，再依照味道與顏色平衡決定配菜，各別進行半解凍的加熱。如果有炸雞塊這樣一整塊的菜色是最好的。在這個階段，其餘的配菜少量選擇比較不會浪費。取出要用的份量，剩下的盡快放回冷凍室中。

03

將白飯裝盒，鋪上生菜

白飯完全降溫後，請不要緊壓的裝入便當中。白飯的水份容易導致菜餚變質，所以盡量不要跟菜餚直接接觸，以蠟紙等做隔間，再加上生菜，美觀度大幅上升！

04

配菜約選擇2～3種

以同色系不相鄰的原則，決定菜餚配置於便當的位置，連同裝盛的紙杯一起塞入便當中。如果是有湯汁的菜餚，請以廚房紙巾等吸除多餘的湯汁後放入。

05

裝入主菜

主要的主菜請選擇醒目的位置放入。在配菜裝盒之後才放入主菜，不要被其它配菜遮住，確實的強調主菜的存在感！

06

以配菜填滿空隙

如果便當中有空隙，菜餚將會鬆動，請以配菜將空隙填滿。以顏色與味道不重複的原則，將配菜緊緊塞入便當中，以這樣的方式調整菜色的平衡。

10 分鐘完成！
如果便當完成後覺得有點單調，
可以使用胡蘿蔔花（P.104），或是
香鬆、梅干等裝飾，更美觀！

小份量冷凍常備菜便當的裝盒示範

本書所介紹，小份量分裝冷凍常備菜所製作的便當。
使用不同主菜，各別搭配裝盒的方法，給大家作為參考。

主菜為肉類
的範例

漢堡便當

以濃郁口味的牛五花肉美乃滋漢堡為
主菜的便當，
加入美式熱狗，份量滿分！

牛五花肉美乃滋漢堡
→ P.35

迷你美式熱狗
→ P.74

火腿與綠花椰菜沙拉
義大利麵 → P.111

高湯橄欖油
煮紅色彩椒→ P.87

雞絞肉凍派便當

以清淡的雞絞肉凍派為主菜，
搭配調味過的主食米飯。
在以大量蔬菜，健康滿分！！

雞絞肉凍派
→ P.34

冷凍燙蔬菜・
綠花椰菜→ P.102

紫色高麗菜拌
羅勒美乃滋→ P.98

乾炒咖哩風味炊飯
→ P.112

Point!!

以漢堡與美式熱狗
做成兒童餐便當的樣子

3個漢堡斜置於便當中，讓美
乃滋露出來。美式熱狗大膽的
橫放，柔軟的沙拉義大利麵將
紙杯隱藏於下方塞進便當裡。
白飯上撒蘿蔔嬰，點綴出可愛
的樣子。

Point!!

以豐富的蔬菜製造出繽紛的
色彩，營養均衡滿分！

多彩的便當，特地搭配鋁製的
便當盒避免過度可愛，增加帥
氣的效果。除了小份量的各種
菜餚之外，也放入切開的小番
茄，用來調整空間＆增加顏
色。最後在飯上撒點巴西利葉
豐富色彩。

蔬菜起司
雞肉卷便當

///////////////////////////

雞肉卷加上熱狗，滿滿肉食便當。
偶爾用麵包當主食，
會讓人很開心歡喜！

蔬菜起司雞肉卷
→ P.27

蜂蜜芥末煎熱狗
→ P.75

鹽味奶油燒南瓜
杏仁片 → P.89

杯子布朗尼
→ P.82

> **Point!!**
>
> 就算是討厭蔬菜的孩子，
> 也會吃得很開心的便當
> 除了甜甜的南瓜，在雞肉卷中
> 也加進了胡蘿蔔與四季豆。就
> 算是討厭蔬菜的小孩也可以吃
> 得很開心的一種組合。熱狗半
> 解凍之後與萵苣葉一同夾入麵
> 包。以杯子蛋糕提升雀躍感！

主菜為白醬風味的範例

拿波里炒麵便當

///////////////////////////

白醬風味的菜色很難搭配，
所以選擇有調味的麵做為主食。
是很受小朋友歡迎的洋風便當

鮮蝦焗烤通心粉
→ P.63

BBQ 肉丸子
→ P.33

冷凍燙蔬菜・
綠花椰菜 → P.102

拿波里炒麵
→ P.108

> **Point!!**
>
> 使用鋁箔杯直接塞入便當中，
> 非常簡單！用來填縫的肉丸子
> 效果也非常好。
> 一開始就先放入鋁箔杯，接下來
> 只要用菜餚把便當填滿，非常省
> 事。為了不讓炒麵的顏色與味道
> 沾到別的菜餚上，使用紙杯作為
> 隔間直接放入。半解凍的綠花椰
> 菜與裝盒當天切好的小番茄，依
> 照喜好加上市售的沙拉醬拌好，
> 讓便當的色彩更豐富。

炸竹莢魚排便當

豪邁放入炸竹莢魚排的便當。
以和風菜色填滿便當吧!

梅子風味炸竹莢魚排
→ P.62

味醂照燒竹輪
青紫蘇卷 → P.77

豌豆莢雞蛋美乃滋沙拉
→ P.67

冷凍燙蔬菜・
小松菜 → P.103

花朵胡蘿蔔
→ P.104

甜醬油煮香菇
→ P.105

Point!!

切花的胡蘿蔔與香菇,
讓便當看起來充滿用心製作的痕跡
花朵胡蘿蔔與切花的甜醬油煮香菇,
以小份量冷凍保存,就算在忙碌的早
晨,也可以做出這樣講究的便當。炸
竹莢魚排的下方以青紫蘇墊著,不僅
不會讓多餘的油份滲入白飯中,配色
也變得更加豐富,還能防止變質!

酸甜醬燒蝦便當

以酸甜醬燒蝦為主菜,搭配各種
中華風味的菜餚。
有辣的、甜的、酸的,
集合了各種滋味,怎麼吃也吃不膩。

醬燒蝦
→ P.62

回鍋肉
→ P.53

涼拌甜醋白菜
→ P.96

芝麻球
→ P.83

Point!!

裝盒時以可以看到完整蝦子
的方式盛裝,
讓視覺也充滿美味!

為了製作出一打開就可以看到
完整蝦子的便當。請在裝盒時
讓蝦子一整隻露出來。為了不
讓回鍋肉的味道沾到蝦子,以
裁切過的烘焙紙作為隔間。再
裝入中華風味的菜餚。

鮭魚鋁箔燒便當

清淡的海鮮類讓人有種不太能飽食的感覺，
搭配肉類與蛋類菜餚，份量大大提升。

**鮭魚鋁箔燒
檸檬風味** → P.63

馬鈴薯燉肉
→ P.51

**青蔥櫻花蝦
厚玉子燒** → P.68

檸檬煮地瓜
→ P.90

紫蘇鹽漬白蘿蔔花
→ P.105

> **Point!!**
>
> 有立體感的便當讓美觀度大增，
> 豌豆莢與地瓜增加高度。
> 豌豆莢交叉放置、地瓜隨意的
> 重疊在一起，就讓便當有了十
> 足的立體感。半量的白飯撒上
> 香鬆。刻意留白的部分提升視
> 覺美觀。白蘿蔔花以漬物的感
> 覺享用。

> **Point!!**
>
> 像足球一樣的鱈寶丸子
> 是吸睛菜色系列
> 選擇黑色的配菜，可以讓主菜
> 鱈寶丸子的白色更顯目。在空
> 隙中以蒿苣葉填空，更是非常
> 好的隔間。市售的壽司薑用來
> 清口，或者切碎拌入飯中，塞
> 進縫隙裡，常備起來非常好用。

**主菜為海鮮類
加工品
的範例**

鱈寶丸子便當

海鮮加工品的鱈寶丸子，與同樣加入
海鮮作成重口味的飯類非常合拍。
作為老公的便當也很好。

毛豆鱈寶丸子
→ P.41

鮮煮高野豆腐
→ P.78

梅子鹿尾菜
→ P.80

薑味鯖魚味噌炊飯
→ P.113

蒲燒竹筴魚便當

以飯糰做為主食，所以搭配就算單吃
也不會味道過於濃郁的菜餚。
讓菜餚站起來，立體的擺放。

 青紫蘇蒲燒
竹筴魚卷 → P.38

 海苔風味炸竹輪
→ P.77

 花生醬拌炸四季豆
→ P.95

 鱈寶伊達蛋卷
→ P.69

 柚子漬蘿蔔 → P.97

> **Point!!**
>
> 用白飯裝盒太無聊了！
> 作成三角飯糰就是可愛的便當！
> 用海苔包住三角飯糰的側面，以
> 配料做出華麗的效果。蒲燒竹筴
> 魚作成魚卷造型，直接裝入便當
> 就可以呈現立體感。竹輪、伊達
> 蛋卷也立起來放。以兔子蘋果與
> 檸檬片裝飾，讓色彩更豐富

夾心蓮藕炸餅便當

使用在 P.116 中所介紹，
可以包起來的「飯糰餡」。
作成份量十足的男子便當！

 蓮藕餅
→ P.32

 淺漬昆布絲小黃瓜
→ P.92

 紫蘇鹽蘿蔔花
→ P.105

 炒香味毛豆
→ P.105

 燒肉飯糰餡
→ P.117

> **Point!!**
>
> 使用小籃子與專用包裝袋，
> 作成簡便攜帶便當！
> 如果用百元商店中專門包飯糰
> 的袋子製作，海苔就可以保持
> 乾燥＆不會弄髒手。也兼顧享
> 用完將袋子放入小籃子中，直
> 接可以帶回家的優點。在綠色
> 與茶色的菜餚中，放入粉紅色
> 盛開的紫蘇鹽蘿蔔花。

Point!!

希望可以準備一個雙層便當，
在以麵條為主食時使用
上下雙層尺寸不同的便當，最
適合用來裝以飯或麵為主食的
便當。尺寸大的放麵或飯，小
的放進配菜，只是這樣就很美
觀。配菜放入胡蘿蔔或蘆筍，
一瞬間就有了鮮明的印象。

以麵條為主食
的範例

味噌絞肉
炒麵便當

以麵條作成的便當，推薦在連裝盒都
沒時間的早晨！只要將麵條與配菜，
各別放入容器中就完成了

玉米炸雞塊
→ P.32

蜂蜜芥末籽拌胡蘿蔔
→ P.87

冷凍燙蔬菜・
蘆筍 → P.103

味噌肉醬義大利麵
→ P.110

花枝炒麵便當

在麵條中加入蛋白質與蔬菜時，
配菜的量就可以減少。
只需要依照顏色與味道搭配即可。

蜂蜜大學地瓜
→ P.90

中華風炒青江菜與
櫻花蝦 → P.93

花枝炒麵
→ P.109

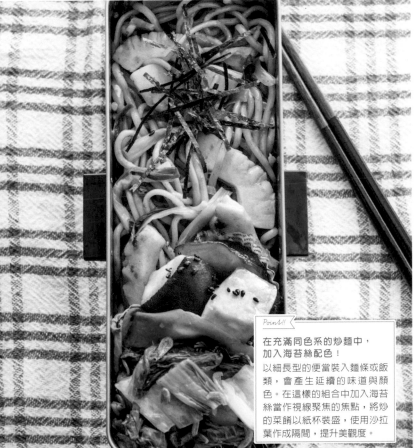

Point!!

在充滿同色系的炒麵中，
加入海苔絲配色！
以細長型的便當裝入麵條或飯
類，會產生延續的味道與顏
色。在這樣的組合中加入海苔
絲當作視線聚焦的焦點，將炒
的菜餚以紙杯裝盛，使用沙拉
葉作成隔間，提升美觀度。

CHAPTER 01

賞心悅目的主菜

在此介紹當便當打開的瞬間，不論是外觀或者色彩都能吸引目光的主菜。
將蔬菜捲起來，或者統一調整形狀，請享受快樂的製作過程。

※菜餚推薦在半解凍狀態裝盒。 ※冷凍保存期間3週。

※每道菜色都有詳細記載半解凍狀態的加熱所需時間。時間為參考值，解凍加熱時間為參考標準，請依照個數、重量調整。

海苔捲雞肉

半解凍微波時間	» **15秒**（每2塊）**保鮮膜✕**（廚房紙巾〇）

避免冷凍乾柴，在調味中加入胡麻油。
炸過之後風味更好！

■ 材料［便於操作的份量］

A 雞胸肉（切成2cm寬5cm長條形）…1片（250g）
┊ 醬油、胡麻油…各2小匙
┊ 蒜泥（市售軟管）…3cm
┊ 顆粒高湯粉…1/2小匙
低筋麵粉…3大匙
海苔（切成1.5cm寬6cm長）…適量
油炸用油…適量

■ 作法［調理器具：鍋子］

1. 將材料**A**放入塑膠袋中，於袋子外面充分揉捏
   後靜置10分鐘。
2. 取另外一個塑膠袋放入低筋麵粉與步驟1中的雞
   肉，晃動袋子讓雞肉沾裹上麵粉。袋中的材料
   與粉類材料均勻後，取出各別包上海苔。
3. 鍋中放入4cm高的油炸用油，加熱至170℃後
   放入步驟2的雞肉，油炸4分鐘至上色。

烤蜂蜜芥末半截雞中翅

半解凍微波時間	» **10秒**（每1塊）**保鮮膜〇**

芥末籽醬與醬油意外的令人驚艷！
和風口味也非常下飯

■ 材料［16隻］

A 半截雞中翅…16支
┊ 蜂蜜、醬油、芥末籽醬…各1大匙
┊ 沙拉油…適量

■ 作法［調理器具：烤箱］

1. 將材料**A**放入塑膠袋中，於袋子外面充分揉捏
   後靜置10分鐘。
2. 在烤盤鋪上鋁箔紙，將步驟1的半截雞中翅鋪放
   於烤盤上，烤25分鐘（烘烤期間如果有表面燒焦的狀
   態，請蓋上鋁箔紙）。

譯註：半截雞中翅是將雞中翅直向對半剖開，日本超市有售。

蔬菜起司雞肉卷

| 半解凍微波時間 | » 20秒（每1塊）保鮮膜〇 |

色彩繽紛的蔬菜讓美觀度提升！只要放進烤箱就
可以完成的作法十分吸引人

////////////////////

■ 材料〔便於操作的份量〕

雞胸肉（將雞胸肉片平之後拍成厚薄均一的片狀）…1片（250g）

A 橄欖油…1大匙
　　鹽…1小匙
　…黑胡椒…少許

B 四季豆（切除頭尾兩端）…2根
　　胡蘿蔔（切成5mm正方、10cm長的長條狀）…2條
　…迷你起司塊（切成3等份細長條）…1個

■ 作法〔調理器具：烤箱〕

1. 將材料**A**塗在雞肉上，**B**置
　 於中央後從一端捲起。(a)捲
　 好之後以牙籤固定在4個地
　 方(b)

2. 在烤盤鋪上鋁箔紙，將步驟1
　 鋪放於烤盤上，烤25分鐘
　 （烘烤期間如果有表面燒焦的狀態
　 請蓋上鋁箔紙）。放涼之後拔除
　 牙籤，切成1.5cm寬。

檸檬巴西利烤雞

| 半解凍微波時間 | » 15秒（每1塊）保鮮膜〇 |

多放一點檸檬汁，凸顯風味冷凍保存。
以乾燥巴西利葉製造外觀的時尚感

////////////////////

■ 材料〔便於操作的份量〕

A 雞腿肉（將雞腿肉切成4cm大小）…1片（250g）
　　檸檬汁、酒、橄欖油…各1大匙
　…鹽、黑胡椒…各1/4小匙
乾燥巴西利葉…適量

■ 作法〔調理器具：平底鍋〕

1. 將材料**A**放入塑膠袋中，於袋子外面充分揉
　 捏後靜置10分鐘。

2. 以平底鍋將步驟1以中火將二面各煎4分鐘左
　 右，最後撒上乾燥的巴西利葉子。

Point!!
在切口塗上沙拉油，冷
凍之後可避免乾柴。

Point!!
雞肉已經充分的與
油脂混合均勻，平
底鍋不需要再放油。

胡麻雞柳天麩羅

| 半解凍微波時間 | » **15秒**（每1塊）**保鮮膜✕**（廚房紙巾○） |

炸得鬆軟的雞柳堪稱絕品。佐以大量白芝麻，
就算冷掉了也可以保持濃郁香氣。

■ 材料 ［ 便於操作的份量 ］

A 雞柳（去筋切成4cm大小）…4條（200g）
└─ 鹽、黑胡椒…各適量
└─ 胡麻油…1小匙
B 酒（水亦可）…4大匙
└─ 低筋麵粉、太白粉、炒過的白芝麻…各2大匙
└─ 顆粒和風高湯粉…1/2小匙
油炸用油…適量

■ 作法 ［ 調理器具：鍋子 ］

1. 將材料**A**放入塑膠袋中，於袋子外面充分揉捏。

2. 材料**B**置於缽盆中混合均勻

3. 鍋中放入4cm高的油炸用油，加熱至170℃後
   將步驟1沾裹上步驟2，油炸4分鐘至上色。

雞米花

| 半解凍微波時間 | » **1分30秒**（全量）**保鮮膜✕**（廚房紙巾○） |

小的肉塊很快就熟了，只需要沾裹上醃料與麵包粉，
簡單輕巧的迅速完成！

■ 材料 ［ 280ml 杯 1 杯份 ］

A 雞柳（去筋切成1.5cm大小）…4條（200g）
└─ 橄欖油…1大匙
└─ 顆粒高湯粉、酒…各1小匙
└─ 黑胡椒…少許
麵包粉（細的）、油炸用油…各適量

■ 作法 ［ 調理器具：鍋子 ］

1. 將材料**A**放入塑膠袋中，於袋子外面充分揉
   捏後靜置10分鐘。

2. 取另外一個塑膠袋放入麵包粉與步驟1中的
   雞肉，晃動袋子讓雞肉沾裹上麵粉。

3. 鍋中放入4cm高的油炸用油，加熱至170℃
   後放入步驟2的雞肉，油炸3分鐘至上色。

Point!
為了讓外觀看起來
輕盈，麵衣使用細
的麵包粉。

印度咖哩炸雞塊

| 半解凍微波時間 | » 15秒（1個）**保鮮膜✕**（廚房紙巾○）|

加入優格的雞肉即使冷了，肉質也很柔軟。
就算小朋友也可以吃的溫和辣味

■ 材料［便於操作的份量］

A 雞腿肉（切成4cm大小）…1片（250g）

優格（無糖）、番茄醬、
    中濃豬排醬…各1大匙

咖哩粉、顆粒高湯粉…各1/2小匙

低筋麵粉…3大匙
油炸用油…適量

■ 作法［調理器具：鍋子］

1. 將材料**A**放入塑膠袋中，於袋子外面充分
   揉捏。
2. 取另外一個塑膠袋放入低筋麵粉與步驟1中
   的雞肉，晃動袋子讓雞肉沾裹上麵粉。
3. 將鍋中放入4cm高的油炸用油，加熱至
   170℃後放入步驟2的雞肉，油炸5分鐘至
   上色。

繽紛雞胸米蘭雞排（piccata）

| 半解凍微波時間 | » 15秒（1個）**保鮮膜○** |

冷凍後就會變得乾柴的雞肉，
添加了美乃滋讓成品保持濕潤

材料［便於操作的份量］

雞柳（去筋切成1cm大小斜片）…2條（100g）
低筋麵粉…1大匙

A 雞蛋…1個

起司粉、美乃滋…各1大匙
紅色彩椒（切粗末）…1/4個
青椒（切粗末）…1/2個

沙拉油…2大匙

■ 作法［調理器具：平底鍋］

1. 雞肉撒上低筋麵粉。
2. 將**A**依序放入缽盆中，每加入一樣材料都請
   混合均勻後再加另一項。
3. 將沙拉油以小火加熱，將步驟1的雞肉沾裹
   上步驟2的蛋液後，整齊並排下鍋，雙面各
   煎4分鐘左右。

高麗菜絲肉卷

半解凍微波時間 » **20秒**（1個）保鮮膜✕（廚房紙巾○）

高麗菜以鹽水略微汆燙後擰乾水份。
對半切開後裝入便當中，非常好看

❚ 材料［6個］

豬五花薄切肉片…6片
高麗菜（切絲）…3片（180g）
A 低筋麵粉、蛋液、
　　麵包粉（細的）…各適量
油炸用油…適量

❚ 作法［調理器具：微波爐、鍋子］

1. 將高麗菜絲放入耐熱容器中，鬆鬆的覆蓋上保鮮膜，加熱3分鐘左右。冷卻後確實擰乾水氣，分成6等份小團狀。
2. 攤開一片豬肉，將步驟1置於邊緣後一個一個捲好。依序沾裹上材料**A**。
3. 將鍋中放入4cm高的油炸用油，加熱至180℃後放入步驟2，油炸4分鐘至上色。

義式番茄豬肉迷你春卷

半解凍微波時間 » **15秒**（1個）保鮮膜✕（廚房紙巾○）

一整塊的豬肉非常有滿足感！
只需要將內餡材料加熱即可，作法非常簡單

❚ 材料［8個］

A 炸豬排用肉排（拍過之後切
　　成1cm小塊）…2片（300g）
　　洋蔥（切末）…1/2個（100g）
　　番茄糊…4大匙
　　水…2大匙
　　番茄醬…1大匙
　　橄欖油…1/2大匙
　　鹽、太白粉…各少許
春卷皮（縱切對半）…4片
油炸用油…適量

❚ 作法［調理器具：微波爐、平底鍋］

1. 將混合均勻的材料**A**放入耐熱容器中，鬆鬆的覆蓋上保鮮膜，加熱2分鐘左右。取出後再次混合均勻後，再度鬆鬆的覆蓋上保鮮膜，加熱2分鐘左右。完成後取出略微降溫。
2. 將春卷皮的短邊朝自己放置，放入1/8份量的步驟1，依序從自己的方向、左、右的順序朝前方捲好，捲好之後接面朝下靜置。
3. 將平底鍋中放入1cm高的沙拉油，將步驟2接合處朝下並排放入鍋中。雙面以煎炸的方式加熱至上色。

炸千層味噌豬排

半解凍微波時間
» **20秒**（1個）保鮮膜✕（廚房紙巾○）

使用濃稠的麵糊，就可以將麵包粉均勻的裹在肉上，
炸出漂亮的豬排

■ 材料〔便於操作的份量〕

薑汁豬肉燒用薄豬肉片…4片（150g）
A 砂糖、味噌、醬油、味醂…各1大匙
B 蛋液…1/2個
　 低筋麵粉…2大匙
　 水…1大匙
麵包粉（細的）、油炸用油…各適量

■ 作法〔調理器具：平底鍋〕

1. 將豬肉片3片攤開，單面各別塗上1/3份量混
   合均勻的材料A。將塗有材料A的面朝上重
   疊。最後疊上沒有塗上材料A的肉片。

2. 將材料B放入缽盆中混合均勻，作成麵糊，
   將步驟1沾裹上步驟2後裹上麵包粉。

3. 將鍋中放入1cm高的油炸用油，以小火加熱
   放入步驟2，二面各煎炸3分鐘至上色。冷卻
   後切成6等份。

Point!!
麵糊是雞蛋、水與
麵粉混合而成。使
用麵糊就只需要沾
裹上麵包粉！簡化
沾裹麵衣的手續，
非常節省時間。

檸檬鹽豬肉蘆筍卷

半解凍微波時間 » **20秒**（1個）保鮮膜○

不使用豬五花肉，使用里肌肉是操作重點。
油脂含量低，就算冷了也不用擔心脂肪會凝固變白

■ 材料〔4條〕

豬里肌肉片…4片
綠蘆筍（切除根部）…4根
沙拉油…1大匙
A 檸檬汁…1小匙
　 鹽…1/4小匙

■ 作法〔調理器具：平底鍋〕

1. 將1根蘆筍搭配1片豬肉捲好。

2. 將沙拉油放入鍋中以中火加熱，將步驟1並
   排於鍋中，一邊翻動一邊煎至上色後加入材
   料A。

> **Point!!**
> 醬汁在蓮藕餅冷卻後，
> 放入冰箱冷凍前再淋
> 上。這樣醬汁就不會滲
> 入食材中。冷凍之後也
> 可以保留住湯汁的光澤。

夾心蓮藕炸餅

半解凍微波時間 » **25秒**（1個）**保鮮膜○**

蓮藕的爽脆，與多汁的餡料口感非常搭。
外觀也很可愛，替便當增加視覺效果

■ 材料［4 個］

A 雞絞肉…150g
┊ 太白粉、酒、胡麻油…各 1/2 大匙
┄ 鹽…少許
蓮藕（5mm厚切圓片、8片）…4cm
太白粉…適量
沙拉油…1大匙
B 砂糖…3大匙
┊ 醬油…2大匙
┄ 醋…1大匙

■ 作法［調理器具：平底鍋］

1. 將材料A放入缽盆中揉至產生黏性，蓮藕撒上薄薄
   的太白粉。

2. 以2片蓮藕夾住 1/4 的步驟1。

3. 將沙拉油放入鍋中以小火加熱，將步驟2放入鍋
   中，二面各煎4分鐘後取出。以同一個平底鍋放入
   材料B，煮至湯汁濃稠。冷卻後淋在蓮藕上。

玉米雞塊

半解凍微波時間 » **15秒**（1個）**保鮮膜✕**（廚房紙巾○）

小朋友喜歡的雞塊與玉米的最強組合。
玉米的甜味與顆粒狀的口感讓人上癮！

■ 材料［8 個］

A 雞絞肉…150g
┊ 玉米粒罐頭（拭除水份）…50g
┊ 太白粉、美乃滋…各1大匙
┄ 顆粒高湯粉、顆粒雞高湯粉…各 1/3 小匙
油炸用油…適量

■ 作法［調理器具：鍋子］

1. 將材料A放入缽盆中充分混合分成8等份，整形成
   直徑4cm的橢圓形。

2. 將鍋中放入4cm高的油炸用油，加熱至180℃後放
   入步驟1，油炸4分鐘至上色。

Point!!
如果加入一整顆的蛋液，肉餡會變得過濕，請嚴守份量。剩下的蛋液可以煎來吃或者當作味噌湯料使用

Point!!
肉丸子整形時，可以在手上抹沙拉油操作，就可以簡單做出漂亮的形狀

BBQ 肉丸子

| 半解凍微波時間 | » 15秒（1個）保鮮膜○ |

形、色、味均非常適合用來作為便當菜色的可愛肉丸子。整體充分的沾裹上醬汁，可以避免冷凍乾燥

////////////////////////////////

■ 材料［8 個］

A 豬絞肉…200g
　洋蔥（切末）…1/4 個
　麵包粉…3大匙
‥‥鹽、黑胡椒…各少許
B 番茄醬…3大匙
　味醂…1大匙
‥‥蒜泥（市售軟管）…2cm
油炸用油…適量

■ 作法［調理器具：微波爐、鍋子］

1. 將材料 A 放入缽盆中揉至產生黏性，分成8等份。

2. 將材料 B 放入耐熱容器中充分混合，鬆鬆的覆蓋上保鮮膜以微波加熱30秒左右。

3. 將鍋中放入4cm高的油炸用油，加熱至180℃後放入步驟1，油炸4分鐘至上色。冷卻之後沾裹上步驟2。

鵪鶉蛋
一口肉丸

| 半解凍微波時間 | » 20秒（1個）保鮮膜✕ 廚房紙巾○ |

將切面安排在便當裡顯目的地方，讓便當看起來更華麗！菜色本身已經充分調味，不需要任何醬汁

////////////////////////////////

■ 材料［8 個］

A 豬牛絞肉…200g
　洋蔥（切末）…1/4 個
　蛋液…1/2 個
　麵包粉…3大匙
‥‥顆粒高湯粉…1/3 小匙
鵪鶉蛋（水煮）…8個
B 低筋麵粉、蛋液、麵包粉（細的）…各適量
油炸用油…適量

■ 作法［調理器具：鍋子］

1. 將材料 A 放入缽盆中揉至產生黏性，分成8等份，包入鵪鶉蛋後整形成球狀。依序沾裹上材料 B。

2. 鍋中放入4cm高的油炸用油，加熱至180℃後放入步驟1，油炸5分鐘至上色。

雞絞肉凍派

半解凍微波時間　**» 20秒**（1個）保鮮膜〇

看起來好像很費工，其實作法超簡單！
只需要混合好材料以鋁箔紙包起來烤。不需要模型

■ 材料［8個］

A 雞絞肉…100g
　蛋液…1/2個
　太白粉…2小匙
　鹽…1/3小匙

B 胡蘿蔔（8mm丁）
　　…約1/4根
　綠蘆筍（切除根部，
　　切成1cm長）…2根
　玉米粒罐頭（拭除水份）
　　…50g

鵪鶉蛋（水煮）
　…6個

■ 作法［調理器具：烤箱］

1. 將材料**A**放入缽盆中揉至產生黏性，加入材料**B**充分混合均勻。

2. 將25×25cm的鋁箔紙攤開，將步驟1的肉餡攤成16×16cm，鵪鶉蛋置於中央排成一列。將鋁箔紙兩端朝中間包妥(a)，整形成4cm的圓柱狀。

3. 把鋁箔紙鋪在烤盤上，烤25分鐘左右。取出後靜置冷卻，冷卻後剝除鋁箔紙，切成8等份。

(a)

Point!!
加熱後會有點縮水，在切口處塗上沙拉油後再行冷凍，可以避免乾柴

迷你高麗菜卷

半解凍微波時間　**» 30秒**（1個）保鮮膜〇

多加一點麵包粉，冷的吃內餡也很柔軟。
高麗菜冷凍之後會變軟，微波加熱時請注意不要過度

■ 材料［4個］

A 豬絞肉…100g
　麵包粉…3大匙
　鹽、黑胡椒…各少許
高麗菜（縱切對半）…2片
　（120g）

B 水…4大匙
　橄欖油…1大匙
　顆粒高湯粉…1/2小匙

■ 作法［調理器具：微波爐］

1. 將高麗菜放入耐熱容器中，鬆鬆的覆蓋上保鮮膜，加熱3分鐘，放涼備用。

2. 將材料**A**放入缽盆中揉至產生黏性，取一片高麗菜葉，放入1/4份量的步驟1，依序從自己的方向、左、右的順序朝前方捲好。

3. 將捲好的步驟2接口朝下放於耐熱容器中，加入材料**B**鬆鬆的覆蓋上保鮮膜，加熱6分鐘，取出後蓋著保鮮膜靜置放涼。

牛五花美乃滋漢堡

| 半解凍微波時間 | » 15秒（1個）保鮮膜〇 |

長踞銷售冠軍的市售冷凍菜餚再現！
我家孩子們最喜歡的一道菜。
應家人要求，不斷的重複出現在餐桌

////////////////////////////

■ 材料［8個］

A 豬牛混合絞肉…200g
　洋蔥（切末）…1/4個
　蛋液…1/2個
　麵包粉…3大匙
　鹽、黑胡椒…各少許
烤肉醬…3大匙
美乃滋…少於3大匙

■ 作法［調理器具：烤箱］

1. 將材料A放入缽盆中揉至產生黏性，分成8等份，作成4cm大的扁圓型。

2. 將鋁箔紙鋪在烤盤上，塗抹沙拉油（份量外），將步驟1的漢堡排放在烤盤上，在漢堡中央做出一個小凹陷，淋上烤肉醬。

3. 烤15分鐘左右。（如果途中有燒焦請蓋上鋁箔紙），在凹陷出放入少於1小匙的美乃滋，繼續烤5分鐘。

> Point!!
> 美乃滋務必要烤到一半之後才添加，一開始就放美乃滋的話，加熱時間長，會導致美乃滋炸開。

柚子胡椒獅子唐椒裹雞肉丸子

| 半解凍微波時間 | » 20秒（1個）保鮮膜〇 |

夠味的柚子胡椒是大人取向的菜色。
保留獅子唐椒的蒂頭、讓賣相更好

////////////////////////////

■ 材料［4個］

A 雞絞肉…100g
　蛋液…1/2個
　太白粉…1/2小匙
　鹽…1小撮
獅子唐椒（以牙籤在每根獅子唐椒上確實的各戳1個洞）
　…4根
沙拉油…1/2大匙
B 味醂、醬油…各1大匙
　柚子胡椒…1/2小匙

■ 作法［調理器具：平底鍋］

1. 將材料A放入缽盆中揉至產生黏性，以1/4份量餡料包住1根獅子唐椒，整形成蒂頭露出的狀態。

2. 沙拉油倒入鍋中，以小火加熱，以一邊翻面一邊煎烤的方式，將步驟1煎7分鐘，加入材料B煮至均勻沾裹上醬汁。

> Point!!
> 為了避免獅子唐椒在加熱時爆開，請勿忘記在獅子唐椒上戳洞。

香辣鬱金香蝦

半解凍微波時間	» 15秒（每2尾）保鮮膜○

辣味略有減少，請依照自己的喜好增減。
便當中有了蝦子的紅顏色，非常討喜，是常備菜色之一

■ **材料**［便於操作的份量］

蝦子（帶殼）…12尾
A 粗粒黑胡椒…1小匙
└ 顆粒高湯粉、咖哩粉…各1/2小匙
沙拉油…1大匙

■ **作法**［調理器具：平底鍋］

1. 蝦子保留尾部去殼，剔除泥腸充分洗淨。與
   材料**A**一同放入塑膠袋中，透過塑膠袋充分
   揉捏，靜置5分鐘。
2. 沙拉油到入鍋中，以中火加熱，放入步驟1拌
   炒3分鐘。

麵包丁炸蝦

半解凍微波時間	» 15秒（1個）保鮮膜✕（廚房紙巾○）

只是將麵衣的材料換成麵包丁，
外觀給人的印象就大大改變！
也可以解決一成不變便當菜色的困擾

■ **材料**［8個］

蝦仁…80g
A 鱈寶…1/2片（50g）
├ 太白粉、胡麻油…各1大匙
└ 鹽…1小撮
麵包丁…20g
油炸用油…適量

■ **作法**［調理器具：食物調理機、鍋子］

1. 蝦子剔除泥腸洗淨。
2. 以食物調理機將步驟1與材料**A**攪打至滑順
   後，分成8等份，整形成圓型再裹上麵包丁。
3. 將鍋中放入4cm高的油炸用油，加熱至
   170℃後放入步驟2，油炸3分鐘至上色。

鮭魚味酥燒

半解凍微波時間	» 20秒（每2尾）保鮮膜○

甜甜的味酥是孩子們喜歡的菜色。
以平底鍋煎烤味酥容易燒焦。
如果用烤箱烤，就可以烤出漂亮的顏色

■ 材料［6個］

新鮮鮭魚（魚排、對半切）…3片
味酥…3大匙
醬油…2小匙
沙拉油…1小匙

■ 作法［調理器具：烤箱］

1. 將所有的材料一同放入塑膠袋中，透過塑膠袋輕輕按摩，醃漬6個小時以上。

2. 將鋁箔紙鋪在烤盤上塗抹沙拉油（份量外），將步驟1的鮭魚擦乾湯汁後放在烤盤上，烤20分鐘左右。（如果途中有燒焦請蓋上鋁箔紙）。

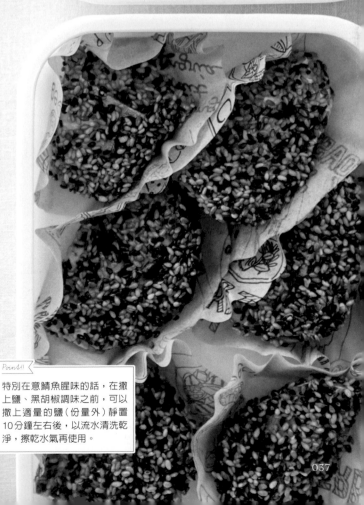

Point!

製作常備菜的前一天將鮭魚先醃好，會非常好吃。

胡麻炸鯖魚

半解凍微波時間	» 20秒（1個）保鮮膜✗（廚房紙巾○）

因為事前調味過了，不用擔心會有魚腥味
加了大量2種芝麻增加味道的特色！

■ 材料［6個］

新鮮鯖魚（去骨魚排1片切成3份）…2片（300g）
鹽、黑胡椒…各適量
胡麻油…1大匙
A 炒過的白芝麻、黑芝麻…各2大匙
油炸用油…適量

■ 作法［調理器具：烤箱］

1. 將鹽、黑胡椒撒在鯖魚上，淋上胡麻油後撒上混合均勻的材料**A**。

2. 將鍋中放入4cm高的油炸用油，加熱至170℃後放入步驟1，油炸5分鐘至上色。

Point!

特別在意鯖魚腥味的話，在撒上鹽、黑胡椒調味之前，可以撒上適量的鹽（份量外）靜置10分鐘左右後，以流水清洗乾淨，擦乾水氣再使用。

蒲燒竹莢魚青紫蘇卷

半解凍微波時間	» **20秒**（1個）保鮮膜○

優雅的造型＆和風的青紫蘇風味、推薦搭配和風便當。
請選擇方便享用的小尺寸竹莢魚使用

■ **材料**［4個］

A 竹莢魚（3片切好的去骨魚排・拔除魚刺）…4片
　味醂、醬油…各1大匙
　胡麻油…1/2小匙
　青紫蘇…4片

■ **作法**［調理器具：烤箱］

1. 將所有的材料一同放入塑膠袋中，透過塑膠袋輕輕按摩，醃漬5分鐘左右。
2. 將步驟1的竹莢魚魚皮朝下，蓋上一片青紫蘇，從一邊捲起後以牙籤固定。
3. 鋁箔紙鋪在烤盤上塗抹沙拉油（份量外），將步驟2放在烤盤上，烤25分鐘左右。（如果途中有燒焦請蓋上鋁箔紙）。

烤奶油醬油鮭魚與杏鮑菇

半解凍微波時間	» **20秒**（1片鮭魚＋2塊杏鮑菇）保鮮膜○

在只有魚是不足夠的男子便當中，
加入口感十足的杏鮑菇。
以圖片中的鋁箔容器裝盛時，不可以使用微波加熱。
不使用保鮮膜以小烤箱加熱3分鐘至半解凍狀態

■ **材料**［便於操作的份量］

A 新鮮鮭魚（魚排、對半切）…2片
　杏鮑菇（長度對半切後切薄片）…1根
　奶油…10g
　醬油…1小匙

■ **作法**［調理器具：平底鍋］

1. 平底鍋放入奶油以小火加熱後，整齊放入材料A，各別二面煎4分鐘左右，淋上醬油與鍋中食材混合均勻。

七味粉照燒帆立貝

半解凍微波時間 » 15秒（每2個）保鮮膜○

如果以蜂蜜取代砂糖，醬汁就會非常有光澤。
七味粉請依照喜好調整份量

///////////////////////////////

■ 材料［12 個］

蒸好的帆立貝…12個
奶油…10g
A 蜂蜜、醬油…各1大匙
└ 七味粉…1/2小匙

■ 作法［調理器具：平底鍋］

1. 平底鍋放入奶油以小火加熱後，整齊放入帆
   立貝，拌炒3分鐘左右，淋上混合均勻的材
   料**A**與鍋中食材混合均勻。

蝦仁燒賣

半解凍微波時間 » 15秒（每2個）保鮮膜○

將肉餡與太白粉混合，鎖住洋蔥的水份。
就算過了一段時間
還是可以享用美味多汁的燒賣

///////////////////////////////

■ 材料［12 個］

蝦仁（小）…12尾（200g）
A 豬絞肉…200g
　洋蔥（切末）…1/2個（100g）
　太白粉…1大匙
　胡麻油…1小匙
└ 顆粒雞高湯粉…1/2小匙
燒賣皮…12張

■ 作法［調理器具：鍋子］

1. 蝦仁剔除泥腸。

2. 將材料**A**放入缽盆中揉至產生黏性，分成12
   等份，整形成圓型。

3. 以燒賣皮各別包妥1個步驟2後，最後包入1
   尾蝦仁。

4. 於耐熱容器中鋪上烘焙紙，將步驟3保留間
   隔並排在容器中。均勻淋上1大匙水（份量
   外），鬆鬆的蓋上保鮮膜後微波5分鐘。取出
   蓋著保鮮膜降溫。

咖哩風味炸魚肉香腸

半解凍微波時間 » **20秒**（每2個）**保鮮膜✗**（廚房紙巾○）

加了高湯粉與咖哩粉，不論是濃郁度或風味都是滿分！
就像吃零嘴一樣可以一口接一口

■ 材料［便於操作的份量］

魚肉熱狗（切成2cm寬小塊）…2根
A 低筋麵粉…3大匙
　　酒…2大匙
　　咖哩粉…1/2小匙
　　顆粒高湯粉…少許
油炸用油…適量

■ 作法［調理器具：鍋子］

1. 將材料**A**放入缽盆中混合均勻後，放入魚肉熱狗。

2. 將鍋中放入4cm高的油炸用油，加熱至170℃放入步驟1，油炸3分鐘。

起司火腿片淋豬排醬

半解凍微波時間 » **20秒**（1個）**保鮮膜✗**（廚房紙巾○）

被醬汁滲透的麵衣與起司的鹽味非常搭配。
在油炸時為了避免起司融化，
請選擇不會融化的起司使用

■ 材料［6片］

火腿片…6片
起司片（對半切後長度對折）…3片
A 蛋液…1/2個
　　低筋麵粉…4大匙
　　水…2大匙
麵包粉（細的）、油炸用油…各適量
伍斯特醬…3大匙

■ 作法［調理器具：鍋子］

1. 各別將火腿包入起司片後對折。

2. 將材料**A**放入缽盆中混合均勻，作成麵糊。將步驟1沾裹上麵糊後再裹上麵包粉。

3. 鍋中放入4cm高的油炸用油，加熱至180℃後放入步驟2，油炸3分鐘至上色。每片趁熱均勻淋上伍斯特醬1/2大匙。

竹輪肉卷

半解凍微波時間 》15秒（2個）保鮮膜〇

雖然肉類的份量不多，但是因為有了竹輪的彈牙口感，
非常滿足。又甜又鹹的風味最下飯了

■ 材料〔8片〕

竹輪（長度對半切）…4根
薄切豬五花肉片（長度對半切）…4片
沙拉油…1/2大匙
A 和風柴魚醬油（2倍濃縮）…2大匙
　砂糖…1/2大匙
　炒過的白芝麻…1小匙

■ 作法〔調理器具：平底鍋〕

1. 各別將每個竹輪捲上1片肉片。

2. 將沙拉油置於平底鍋中以中火加熱，接口朝
　下放入步驟1的肉卷，一邊滾動肉卷一邊加
　熱至肉片變色，加入材料A使鍋中食材均勻
　裹上醬汁。

毛豆鱈寶丸子

半解凍微波時間 》20秒（1個）保鮮膜〇

鱈寶就算冷冷吃也有鬆軟的口感，
是適合冷凍保存的食材！鹽味的毛豆，
替味覺與視覺加分

■ 材料〔6片〕

A 鱈寶…1片（100g）
　太白粉、酒、味醂…各1大匙
冷凍毛豆（解凍後去除外殼）豆子淨重…20g

■ 作法〔調理器具：食物調理機、烤箱〕

1. 將材料A放入食物調理機中，打至滑順。加
　入毛豆混合均勻後分成6等份。

2. 鋁箔紙鋪在烤盤上塗抹沙拉油（份量外），將步
　驟1放在烤盤上，烤15分鐘左右（如果途中有燒
　焦請蓋上鋁箔紙）。

CHAPTER 02

大受歡迎的定番主菜

在此要介紹不論哪個家庭，大家都非常熟悉的菜色。
雖然如此，但是如果要冷凍保存還是需要花一點心思。請大家務必嘗試食譜中的作法

※ 菜餚請在半解凍之後再裝入便當中。※ 冷凍保存為3週。
※ 每道菜餚均註明各自的微波或烤箱所需加熱時間。時間均為參考值，請依照菜餚成品的尺寸、分裝份量等酌情增減。

03. 醬油炸雞腿塊

01. 南蠻雞

02. 極品炸半截雞中翅

04. 沙拉雞

05. 薩摩芋煮雞腿塊（地瓜煮雞腿）

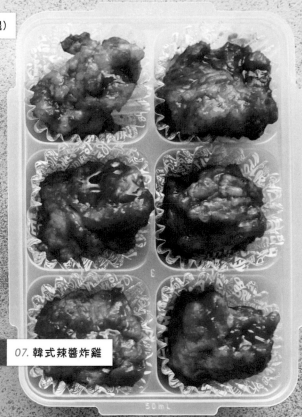

07. 韓式辣醬炸雞

06. 照燒美乃滋雞腿塊

08. 炸雞

01 南蠻雞

半解凍微波時間 » 15秒（1個）保鮮膜○

醃料中的胡麻油，有防止冷凍乾燥的效果。
醬汁的甜味與塔塔醬的酸味相輔相成

■ 材料［便於操作的份量］

A 雞胸肉（切成4cm大小塊狀）…1片（250g）
　　鹽、黑胡椒、胡麻油…各1/4小匙
　　低筋麵粉…3大匙
B 砂糖、醋、醬油…各1又1/2大匙
油炸用油、塔塔醬（市售）、乾燥的
　巴西利葉（依照喜好）…各適量

Point!!
將低筋麵粉與雞肉放入塑膠袋中，充滿空氣後緊閉開口，接著只需晃動袋子就可以簡單地將雞肉沾裹上粉

■ 作法［調理器具：鍋子、微波爐］

1. 將材料**A**放入塑膠袋中，於袋子外面充分揉捏，以擀麵棍隔著袋子敲打約15下。

2. 取另外一個塑膠袋放入低筋麵粉與步驟1中的雞肉，晃動袋子讓雞肉沾裹上麵粉。

3. 將鍋中放入4cm高的油炸用油，加熱至170℃後放入步驟2的雞肉，油炸5分鐘至上色。

4. 將材料**B**置於耐熱容器中，混合均勻。不需要覆蓋保鮮膜，以微波加熱25秒左右。

5. 冷卻後請將步驟4與步驟3混合好，最後淋上塔塔醬，撒上乾燥的巴西利葉。

02 極品炸半截雞中翅

半解凍微波時間 » 10秒（1個）保鮮膜✕（廚房紙巾○）

充滿大蒜風味的濃郁滋味！
如果在意大蒜氣味的人，可以使用生薑代替

■ 材料［14 根半截雞中翅］

A 半截雞中翅…14隻
　　沙拉油…1小匙
B 砂糖、醬油…各3大匙
　　炒過的白芝麻…1大匙
　　蒜泥（市售軟管狀）…2cm
油炸用油…適量

■ 作法［調理器具：微波爐、鍋子］

1. 將材料**A**放入塑膠袋中，於袋子外面充分揉捏均勻。

2. 將材料**B**置於耐熱容器中攪拌均勻後，蓋上保鮮膜以微波加熱30秒左右。

3. 將鍋中放入4cm高的油炸用油，加熱至180℃後放入步驟1的半截雞中翅，油炸5分鐘至上色，趁熱與步驟2混合均勻。

03 醬油炸雞腿塊

半解凍微波時間 » 15秒（1個）保鮮膜✕（廚房紙巾○）

醃料中的胡麻油，在雞肉表面形成保護膜，將水份鎖在其中。冷卻後也很多汁

■ 材料［便於操作的份量］

A 雞腿肉（切成4cm塊狀）…1片（250g）
　　醬油…1大匙
　　蒜泥（市售軟管狀）…2cm
　　顆粒雞高湯粉、胡麻油…各1/4小匙
低筋麵粉…3大匙
油炸用油…適量

■ 作法［調理器具：鍋子］

1. 將材料**A**放入塑膠袋中，於袋子外面充分揉捏均勻靜置10分鐘左右。

2. 取另外一個塑膠袋放入低筋麵粉與步驟1中的雞肉，晃動袋子讓雞肉沾裹上麵粉。

3. 將鍋中放入4cm高的油炸用油，加熱至170℃後放入步驟2的雞肉，油炸5分鐘至上色。

04 沙拉雞

半解凍微波時間 » 15秒（3cm大·2片1組）保鮮膜○

清爽的風味＆低卡是大受歡迎的菜色！
將肉切成小塊醃漬，可以縮短時間

■ 材料［便於操作的份量］

雞胸肉（去皮）…1片…（250g）
酒…2大匙
A 檸檬汁、沙拉油…各1大匙
　　顆粒高湯粉、醬油、黑胡椒
　　　…各1/4小匙

Point!!
需要進行較長時間醃漬時，使用密封保存袋而非塑膠袋，抽光空氣可使味道更易入味

■ 作法［調理器具：鍋子］

1. 將雞肉放入有深度的耐熱容器中，加入可以蓋過雞肉的水（份量外），再加入份量中的酒，鬆鬆的覆蓋上保鮮膜，以微波加熱4分鐘左右。將雞肉翻面，再度鬆鬆的覆蓋上保鮮膜，再以微波加熱4分鐘左右，直接靜置冷卻。

2. 將雞肉切成方便享用的大小，與材料**A**一同放入保存袋中，於袋子外面混合均勻後，抽除空氣封妥保存袋口，靜置於冷藏室中醃漬入味後冷凍。

05 薩摩芋煮雞腿塊

半解凍微波時間

» 20秒(紙杯1個份50ml)保鮮膜○

小份量的煮物就交給微波爐！
不會煮到食材變形這點令人很歡喜。
使用柴魚風味醬油調味，非常省事

■ 材料［便於操作的份量］

雞腿肉(切成3cm塊狀)…1片(250g)
地瓜(帶皮切成2cm塊狀)…1/2條(150g)
和風柴魚醬油(2倍濃縮)…2大匙
味醂、胡麻油…各1大匙

■ 作法［調理器具：微波爐］

1. 將材料放入耐熱容器中混合均勻後、鬆鬆的蓋上保鮮膜，以微波加熱4分鐘左右，取出後略微混合。再將保鮮膜鬆鬆的蓋上，繼續以微波加熱4分鐘，混合均勻。

06 照燒美乃滋雞腿塊

半解凍微波時間

» 15秒(1個)保鮮膜○

又甜又鹹的醬汁加上美乃滋，令人食慾大增的一道菜色。加上海苔絲讓味道更有層次

■ 材料［便於操作的份量］

雞腿肉(切成4cm塊狀)…1片(250g)
沙拉油…1大匙
A 醬油…1又1/2大匙
└ 砂糖、味醂…各1大匙
美乃滋、海苔絲…各適量

■ 作法［調理器具：平底鍋］

1. 將沙拉油倒入平底鍋中以小火加熱，放入雞腿肉雙面煎5分鐘，加入調好的材料**A**煮至收乾湯汁。

2. 冷卻後加上美乃滋與海苔絲。

07 韓式辣醬炸雞

半解凍微波時間

» 15秒(1個)保鮮膜○

這是一道有辣味的菜色，所以如果是給小孩吃，韓式辣醬的份量請減半。
醬汁濃稠，就算冷凍後也可以保持食物光澤

■ 材料［便於操作的份量］

雞胸肉(切成4cm塊狀)…1片(250g)
A 韓式辣醬、番茄醬、味醂、水…各1大匙
低筋麵粉…3大匙
油炸用油…適量

■ 作法［調理器具：微波爐、鍋子］

1. 將材料**A**放入耐熱容器中混合均勻後、不需要蓋上保鮮膜，以微波加熱40秒左右，混合均勻。

2. 取另外一個塑膠袋放入低筋麵粉與雞肉，晃動袋子讓雞肉沾裹上麵粉。

3. 將鍋中放入4cm高的油炸用油，加熱至180℃，放入步驟2的雞肉，油炸5分鐘至上色。冷卻後放入步驟1的缽盆中混合均勻。

08 炸雞

半解凍微波時間

» 15秒(1個)保鮮膜×(廚房紙巾○)

高湯與雞骨，使用2種高湯粉！
重口味的調味，就算冷了味道也很濃郁。

■ 材料［6個］

A 雞柳(去筋後斜切成3等份)…2條(100g)
蒜泥(市售軟管)…2cm
顆粒高湯粉、顆粒雞骨高湯粉、沙拉油
…各1/3小匙
B 低筋麵粉、太白粉…各1又1/2大匙
└ 黑胡椒…少許
油炸用油…適量

■ 作法［調理器具：鍋子］

1. 將材料**A**放入塑膠袋中，於袋子外面充分揉捏均勻，靜置10分鐘左右。

2. 取另外一個塑膠袋放入材料**B**混合均勻後，放入步驟1的雞肉，晃動袋子讓雞肉沾裹上粉類。

3. 將鍋中放入4cm高的油炸用油，加熱至170℃，放入步驟2的雞肉，油炸5分鐘至上色。

01. 糖醋豬

02. 薑汁炸豬排

03. 豆子煮豬肉

04. 煎肉片豬排

05. 醬烤豬五花

07. 薄切軟嫩叉燒

08. 豬肉大阪燒

06. 馬鈴薯燉肉

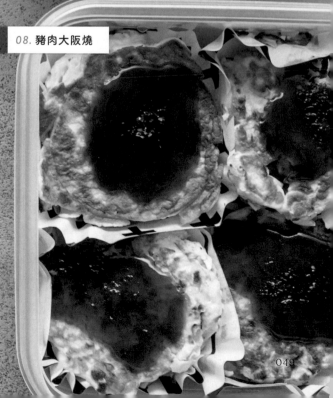

01 糖醋豬

半解凍微波時間
» **20秒**(1個)**保鮮膜〇**

將豬肉片捏成球狀下鍋炸,會比一整塊的肉更軟,
蔬菜也切成迷你尺寸

■ **材料**〔6個〕

豬肉片⋯200g
鹽、黑胡椒⋯各少許
蛋黃(打散)⋯1個
太白粉⋯2大匙
油炸用油⋯適量
A 洋蔥(切成1cm大小)⋯1/4個
⋯ 青椒(切成1cm大小)⋯1個
B 砂糖、醋、水⋯各2大匙
⋯ 醬油⋯1大匙
⋯ 太白粉⋯1小匙

■ **作法**〔調理器具:鍋子、微波爐〕

1. 將豬肉撒上鹽、黑胡椒,分成6等份捏成球狀。

2. 將鍋中放入4cm高的油炸用油,加熱至180℃
   後放入步驟*1*,油炸5分鐘至上色。材料**A**下鍋
   略略過油。

3. 將材料**B**放入耐熱容器中混合均勻後、鬆鬆的
   蓋上保鮮膜,以微波加熱40秒左右,混合。冷
   卻後與步驟*2*混合拌均。

〰〰〰〰〰〰〰〰

02 薑汁炸豬排

半解凍微波時間
» **20秒**(1個)**保鮮膜✕**(廚房紙巾〇)

以生薑的風味變化定番菜色的豬排。
不需要豬排醬直接放入便當中也非常美味!

■ **材料**〔6個〕

炸豬排用肉排(切成6等份)⋯1片(130g)
A 醬油⋯1大匙
⋯ 薑泥(市售軟管狀)⋯1cm
B 低筋麵粉、雞蛋、麵包粉⋯各適量
油炸用油⋯適量

■ **作法**〔調理器具:鍋子、微波爐〕

1. 將豬肉沾裹上**A**之後依序沾裹上麵衣**B**。

2. 將鍋中放入4cm高的油炸用油,加熱至180℃
   後放入步驟*1*,油炸4分鐘至上色。

03 豆子煮豬肉

半解凍微波時間
» **1分30秒**(1杯280ml)**保鮮膜〇**

只需將材料放入鍋中煮即可!在冷凍過程中就會入味。
烹煮時間只需10分鐘,非常簡便

■ **材料**〔280ml 耐熱杯、2個〕

薑汁豬肉用肉片(切成1cm寬)⋯4片(150g)
大豆(水煮 濾除水份)⋯100g
洋蔥(切成粗末)⋯1/4個
水⋯150ml
番茄糊⋯4大匙
番茄醬、中濃豬排醬⋯各2大匙
橄欖油⋯1大匙
蒜泥(市售軟管)⋯2cm

■ **作法**〔調理器具:鍋子〕

1. 將所有材料放入鍋中,以大火加熱。沸騰後轉
   小火,不時翻動撈除泡渣,加熱10分鐘左右。

〰〰〰〰〰〰〰〰

04 煎肉片豬排

半解凍微波時間
» **20秒**(1個)**保鮮膜〇**

以肉片做就很省事的煎豬排。在醃料中加了太白粉,
肉片就會容易的蘸上醬汁

■ **材料**〔4個〕

A 豬肉片⋯200g
⋯ 伍斯特醬、蜂蜜⋯各1大匙
⋯ 醬油、太白粉⋯各1小匙
⋯ 黑胡椒⋯少許
沙拉油⋯1大匙

■ **作法**〔調理器具:鍋子〕

1. 將材料**A**放入塑膠袋中,於袋子外面充分揉捏
   均勻,分成4等份,整形成1cm厚的橢圓型。

2. 將沙拉油放入鍋中以小火加熱,放入步驟*1*兩
   面各煎5分鐘。

05 醬烤豬五花

半解凍微波時間
» 15秒（1個）保鮮膜〇

這道菜的美味，我是絕對有自信的！請大家務必嘗試一下。在白飯上放個幾片，作成蓋飯便當也很不錯

■ 材料［8片份］

A 燒肉用豬五花肉片…8片（200g）
╎ 砂糖、韓式辣味噌、醬油、酒…各1大匙
╴ 蒜泥（市售軟管）…2cm
沙拉油…1/2大匙

■ 作法［調理器具：平底鍋］

1. 將材料A放入塑膠袋中，於袋子外面充分揉捏均勻。

2. 將沙拉油放入鍋中以中火加熱，放入步驟1兩面各煎3分鐘（過程中如果有快燒焦的話，請將火力調整至小火）。

///////////////////

06 馬鈴薯燉肉

半解凍微波時間
» 15秒（紙杯1個〔50ml〕）保鮮膜〇

被說成不適合冷凍的馬鈴薯，
如果作成薯泥，就算冷凍也不會改變美味！

■ 材料［50ml 紙杯 8份］

A 豬肉片…100g
╎ 水…100ml
╎ 洋蔥（切薄片）…1/4個
╎ 砂糖…2大匙
╎ 醬油…1又1/2大匙
╴ 顆粒和風高湯粉…1/2小匙
B 馬鈴薯（切成1口大小）…2個（200g）
╴ 水…1大匙
太白粉…2大匙
豌豆莢（如果有的話，以鹽水燙過斜切對半）…8片

■ 作法［調理器具：微波爐、鍋子］

1. 將材料B放入耐熱容器中、鬆鬆的覆蓋上保鮮膜，以微波加熱5分鐘左右，搗成泥狀（a），冷卻後加入太白粉充分混合均勻，分成8等份。

2. 將材料A放入鍋中，以大火加熱，沸騰後轉小火加入步驟1，期間上下翻動煮5分鐘左右，冷卻後放上豌豆莢。

(a)

07 薄切軟嫩叉燒

半解凍微波時間
» 20秒（1個）保鮮膜〇

將豬肉薄片攤平、重疊，捲起來。就算冷了也不會變硬。這是一道不分老少都會喜歡的菜色

■ 材料［6片］

豬肉薄片…200g
A 蜂蜜、醬油…各1又1/2大匙
╎ 蒜泥（市售軟管）…2cm
╴ 沙拉油…1小匙

■ 作法［調理器具：烤箱］

1. 將豬肉片蘸上混合均勻的材料A，攤平之後重疊。短邊放在靠近自己的這一面，朝前方緊的捲起來。

2. 將鋁箔紙鋪在烤盤上塗抹沙拉油（份量外），將步驟1放在烤盤上，接合處朝下放置，烤25分鐘左右（如果途中有燒焦請蓋上鋁箔紙）。冷卻後切分成6等份。

///////////////////

08 豬肉大阪燒

半解凍微波時間
» 15秒（1個）保鮮膜〇

將大阪燒當作佐飯菜餚，是關西道地的吃法！
有了牛奶的幫助，可以做出濕潤的成品

■ 材料［8片份］

A 薄切豬五花肉片（切成2cm）…100g
╎ 高麗菜（切絲）…1/5個
╴ 雞蛋…1個
B 低筋麵粉…4大匙
╎ 味醂、牛奶…各1大匙
╴ 顆粒和風高湯粉…1/3小匙
沙拉油、大阪燒醬、海苔粉（依照喜好）…各適量

■ 作法［調理器具：平底鍋］

1. 將材料B放入缽盆中混合均勻，加入材料A，以湯匙略微混合。

2. 將沙拉油放入鍋中以中火加熱，放入1/8份量的步驟1，攤成5cm直徑大小，等到底部成形後，以鍋鏟翻面輕壓，轉小火蓋上鍋蓋煎5分鐘。

3. 冷卻後淋上醬汁，撒上海苔粉。

01. 茄汁豬肉片

03. 薑汁豬肉燒

02. 涮豬肉片

04. 回鍋肉

01 茄汁豬肉片

半解凍微波時間

» **30秒**(1袋120ml)**保鮮膜○**

肉片在拌炒前,先撒上薄薄一層麵粉鎖住水份與鮮味。
雖然是洋風菜色,依舊非常下飯。

■ **材料**[便於操作的份量]

豬肉片…200g
低筋麵粉…1小匙
沙拉油…1大匙
洋蔥(切薄片)…1/2個
A 番茄醬…2大匙
　水…1大匙
　伍斯特醬…1小匙
…顆粒雞高湯粉、胡椒…各少許

■ **作法**[調理器具:平底鍋]

1. 將豬肉片撒上低筋麵粉。

2. 將沙拉油放入鍋中以中火加熱,放入步驟1與
洋蔥拌炒5分鐘左右,加入材料**A**繼續拌炒
1分鐘。

02 涮豬肉片

半解凍微波時間

» **30秒**(1袋120ml)**保鮮膜○**

冷卻後會感覺味道變淡,所以使用鹽涮肉片,
事前先調味是操作訣竅

■ **材料**[便於操作的份量]

薄切豬五花肉片…150g
鹽…1小匙
綠色花椰菜(較小的花椰菜,分成小朵)…1/2個
A 炒過的白芝麻、柑橘醋、
　和風柴魚醬油(2倍濃縮)…各1大匙
　胡麻油…1小匙
…蒜泥(市售軟管)…2cm

■ **作法**[調理器具:鍋子]

1. 燒滾一鍋水加入份量中的鹽,放入綠色花椰菜
汆燙2分鐘左右,撈起置於網篩中放涼。

2. 將豬肉片直接放入步驟1中汆燙2分鐘左右,撈
起置於網篩中放涼。

3. 將材料**A**放入缽盆中混合均勻,加入步驟1、2
拌勻。

03 薑汁豬肉燒

半解凍微波時間

» **30秒**(1袋120ml)**保鮮膜×**

醃料中的蜂蜜,讓冷卻之後依舊濕潤!
如果以新鮮的生薑替代市售軟管的薑泥,風味更持久

■ **材料**[方便操作的份量]

A 豬五花薑汁豬肉燒用肉片(切成3cm大小)
　　…4片(150g)
　醬油、蜂蜜…各1又1/2大匙
…生薑泥(市售軟管)…2cm
沙拉油…1大匙
洋蔥(切薄片)…1/2個
青椒(切絲)…2個

■ **作法**[調理器具:平底鍋]

1. 將材料**A**放入塑膠袋中,於袋子外面充分揉捏
均勻。

2. 將沙拉油放入鍋中以中火加熱,放入步驟1的豬
肉與洋蔥拌炒4分鐘左右。加入青椒略微拌炒。

04 回鍋肉

半解凍微波時間

» **30秒**(1袋120ml)**保鮮膜×**

將豬肉與高麗菜切成較小尺寸,便於小份量分裝。
尺寸統一,也有助於受熱平均

■ **材料**[方便操作的份量]

豬五花薑汁豬肉燒用肉片
　(切成3cm大小)…4片(150g)
胡麻油…1大匙
高麗菜(切成3cm大小)…2片
A 甜麵醬…2大匙
　味醂…1大匙
…醬油…1小匙

> *Point!*
> 如果沒有甜麵
> 醬,請以味噌1
> 大匙加上砂糖
> 1/2小匙替代。

■ **作法**[調理器具:平底鍋]

1. 將胡麻油放入鍋中以中火加熱,放入豬肉片拌
炒4分鐘左右。加入高麗菜拌炒2分鐘左右,加
入混合的材料**A**拌炒均勻。

01. 油豆腐煮牛肉

03. 牛肉時雨煮

02. 骰子牛肉

04. 牛肉冬粉春卷

01 油豆腐煮牛肉

半解凍微波時間
» 15秒（紙杯1個50ml）保鮮膜○

冷凍後會變成海綿狀的油豆腐，
口感會變的非常紮實，嚼勁大幅提昇！

■ 材料〔便於操作的份量〕

牛肉片…200g
厚片油豆腐（切成2cm塊狀）…1片（150g）
大蔥（切成2cm塊狀）…1根
水…150ml
和風柴魚醬油（2倍濃縮）…3大匙
味醂、酒…各1大匙

■ 作法〔調理器具：鍋子〕

1. 將所有材料放入鍋中，蓋上落蓋後以大火加熱，沸騰後轉小火煮10分鐘左右。

02 骰子牛肉

半解凍微波時間
» 15秒（1個）保鮮膜○

敲打過的肉塊，纖維會斷裂變得柔軟。
使用燒肉醬調味，就會讓這道菜變得更省事

■ 材料〔便於操作的份量〕

A 牛排用牛腿肉（切成3cm）…200g
　橄欖油…1小匙
　蒜泥（市售軟管狀）…2cm
　鹽、胡椒…各適量
B 玉米粒罐頭（拭除水份）…50g
　四季豆（切成2cm長）…4根

■ 作法〔調理器具：平底鍋〕

1. 將材料A放入塑膠袋中，於袋子外面充分揉捏，再以擀麵棍隔著袋子敲打約15下。

2. 將步驟1的牛肉放入平底鍋中，以中火加熱，兩面各煎2分鐘後自鍋中取出。

3. 以廚房紙巾略略擦拭平底鍋，放入材料B不要將兩者混合，以中火拌炒1分鐘左右。

03 牛肉時雨煮

半解凍微波時間
» 15秒（紙杯1個50ml）保鮮膜○

又甜又鹹，濃郁的滋味。市售軟管的生薑加熱後
風味會喪失，請使用新鮮的生薑。

■ 材料〔便於操作的份量〕

牛肉片…200g
鴻禧菇（分成小朵）…1包（150g）
水…50ml
砂糖、味醂、酒…各2大匙
生薑（切絲）…1/4塊（5g）

■ 作法〔調理器具：鍋子〕

1. 將所有材料放入鍋中，以大火加熱，沸騰後轉小火煮8分鐘左右。

04 牛肉冬粉春卷

半解凍微波時間
» 15秒（1個）保鮮膜✕（廚房紙巾○）

炸熟之後冷凍，早晨非常輕鬆！
也可以使用較甜的中濃豬排醬取代伍斯特醬

■ 材料〔6個〕

A 牛肉片…150g
　伍斯特醬、酒、胡麻油…各1大匙
　砂糖、太白粉、醬油…各1小匙
沙拉油…1大匙
洋蔥（切成薄片）…1/2個
B 冬粉（以熱水浸泡變軟後，切成適當的長度
　　…（泡水前）30g
　水…1大匙
春卷皮…6片
油炸用油…適量

■ 作法〔調理器具：平底鍋、鍋子〕

1. 將混合均勻的材料A放入塑膠袋中揉捏均勻。

2. 將沙拉油放入平底鍋中，以中火加熱放入步驟1的牛肉與洋蔥炒3分鐘至肉片變色，加入材料B混合均勻後，攤平於調理盤中冷卻。

3. 將春卷皮的一角，朝靠近自己這邊放置，在這邊放入1/6份量的步驟2，依序從自己的方向、左、右折入的順序朝前方捲好，捲好之後接合面朝下放，靜置一會兒。

4. 在鍋中放入4cm高的油炸用油，加熱至180℃。放入步驟3油炸至上色。

01. 青紫蘇肉丸子

03. 青椒鑲肉

02. 麻婆茄子

04. 燉煮漢堡排

05. 咖哩風味香料漢堡

07. 麻婆油豆腐

06. 豆子乾咖哩

08. 馬鈴薯可樂餅

01 青紫蘇雞肉丸子

半解凍微波時間
» 25秒（1個）保鮮膜○

以日式柴魚風味白醬油製作，清爽高雅的菜色。
青紫蘇容易黏在平底鍋上，請小心的起鍋

■ 材料［8個］

A 雞絞肉…200g
蛋液…1/2個
太白粉…2小匙
日式柴魚風味白醬油
…1/2大匙
青紫蘇…8片
胡麻油…1大匙

> Point!!
> 如果沒有日式柴魚風味白醬油的話，請以和風柴魚醬油（2倍濃縮）2/3大匙替代。

■ 作法［調理器具：平底鍋］

1. 將材料A放入缽盆中揉至產生黏性，分成8等份，扁圓型。
2. 以1片紫蘇葉包妥1份步驟1的肉餡。
3. 將鍋中放入胡麻油以小火加熱，放入步驟2，雙面各煎5分鐘。

02 麻婆茄子

半解凍微波時間
» 15秒（紙杯1個〔50ml〕）保鮮膜○

以較多的油炒茄子，就會有接近油炸的軟滑口感。
加入青椒也很好吃

■ 材料［便於操作的份量］

A 豬絞肉…100g
甜麵醬、酒…各1大匙
砂糖、醬油…各1小匙
顆粒雞高湯粉…少許
胡麻油…4大匙
B 茄子（切成3cm滾刀塊，除澀）
…2條
蒜泥、生薑泥（市售軟管）
…各2cm
豆瓣醬…1/3小匙

> Point!!
> 將茄子浸泡在水中10分鐘左右除澀。如果沒經過這道手續，冷凍後顏色會變差，澀味產生也會導致風味下降。

■ 作法［調理器具：平底鍋］

1. 將胡麻油置於平底鍋中以中火加熱，放入材料A拌炒5分鐘之後，加入材料B炒至肉末變色為止。

03 青椒鑲肉

半解凍微波時間
» 20秒（每1塊）保鮮膜○

為了不讓肉餡與青椒脫落，特別在肉餡中增加了麵包粉的份量，防止肉餡因加熱而縮水

■ 材料［8個］

A 豬絞肉…200g
洋蔥（切末）…1/4個
麵包粉…4大匙
鹽、胡椒…各少許
蛋液…1個
青椒（縱切對半）…4個
低筋麵粉…適量

■ 作法［調理器具：烤箱］

1. 將材料A放入缽盆中，混合至產生黏性後，加入蛋液混合均勻。
2. 將青椒內側薄薄的拍上一層低筋麵粉，塞入1/8份量步驟1。
3. 在烤盤鋪上鋁箔紙，塗上沙拉油（份量外），將步驟2有肉的面朝上放置，烤25分鐘（烘烤期間如果有表面燒焦的狀態，請蓋上鋁箔紙）。

04 燉煮漢堡排

半解凍微波時間
» 15秒（1個）保鮮膜○

在冷凍的過程中入味，所以不需要長時間燉煮也OK！
作成迷你尺寸，容易放入便當中

■ 材料［8個］

A 豬牛混合絞肉…200g
蛋液…1/2個
麵包粉…3大匙
鹽、黑胡椒…各少許
B 洋蔥（切薄片）…1/2個
水…100ml
番茄醬、中濃豬排醬…各2大匙
顆粒雞高湯粉…1/3小匙

■ 作法［調理器具：烤箱］

1. 將材料A放入缽盆中揉至產生黏性，分成8等份，作成5cm大的扁圓型。
2. 材料B放入平底鍋中以小火加熱，放入步驟1，蓋上落蓋後煮15分鐘左右。

05 咖哩風味 香料漢堡

| 半解凍微波時間 | » 15秒（每1塊）保鮮膜○ |

不需要醬汁的漢堡，最適合便當菜了！
增加咖哩粉的份量，就算經過冷凍風味依舊

■ 材料［10 個］

A 豬絞肉…200g
　 蛋液…1/2 個
　 麵包粉…3 大匙
　 顆粒高湯粉、咖哩粉、美乃滋…各 1/2 小匙
洋蔥（切末）…1/2 個（100g）
沙拉油…1 大匙

■ 作法［調理器具：平底鍋、微波爐］

1. 將洋蔥放入耐熱容器中，鬆鬆的蓋上保鮮膜加熱 2 分鐘，冷卻備用。

2. 加入材料 A 混合至產生黏性，分成 10 等份，每個直徑 5cm 的扁圓形。

3. 沙拉油放入平底鍋中以小火加熱，放入步驟 2，雙面各煎 4 分鐘。

///////////////////////

06 豆子乾咖哩

| 半解凍微波時間 | » 1 分 30 秒（1 杯 280ml）保鮮膜○ |

加了大豆營養滿分！與白飯搭配變成咖哩飯，
製成便當，是忙碌早晨得力的助手

■ 材料［280ml 耐熱杯、2 個］

A 豬絞肉…200g
　 大豆（水煮・濾除水份）…60g
　 洋蔥（切成粗末）…1/2 個
橄欖油…1 大匙
B 水…3 大匙
　 番茄醬、中濃豬排醬…各 2 大匙
　 咖哩粉…1 小匙
　 顆粒高湯粉、蒜泥（市售軟管）…各少許
乾燥巴西利葉（依照喜好）…適量

■ 作法［調理器具：平底鍋］

1. 將橄欖油放入平底鍋中以中火加熱，放入材料 A 拌炒 5 分鐘。加入材料 B 拌炒 3 分鐘、依照喜好撒上乾燥巴西利葉。

07 麻婆油豆腐

| 半解凍微波時間 | » 15秒（紙杯1個〔50ml〕）保鮮膜○ |

使用油豆腐比用豆腐的風味更濃郁！
放在白飯上面，變成麻婆便當也不錯

■ 材料［便於操作的份量］

A 豬絞肉…100g
　 胡麻油…1 大匙
　 蒜泥、生薑泥（市售軟管）…各 2cm
　 豆瓣醬…1/3 小匙
油豆腐（切成 2cm 小塊）…1 塊（150g）
B 甜麵醬…1 大匙
　 砂糖、醬油…各 1 小匙
　 顆粒雞高湯粉…少許

■ 作法［調理器具：平底鍋］

1. 將材料 A 置於平底鍋中以中火加熱，炒至肉末變色。

2. 放入油豆腐拌炒 2 分鐘後加入材料 B，使食材均勻裹上醬汁。

///////////////////////

08 馬鈴薯可樂餅

| 半解凍微波時間 | » 15秒（1個）保鮮膜×（廚房紙巾○） |

在肉餡裡加了砂糖，作成甜甜的味道是訣竅。
沒有醬料一樣美味

■ 材料［8 個］

A 豬牛絞肉…50g
　 洋蔥（切末）…1/4 個
B 馬鈴薯（切成 1 口大小）…2 個（200g）
　 水…1 大匙
沙拉油…1 大匙
C 砂糖、醬油、中濃豬排醬…各 1 大匙
D 低筋麵粉、蛋液、麵包粉…各適量
油炸用油…適量

■ 作法［調理器具：微波爐、鍋子、平底鍋］

1. 將材料 B 放入耐熱容器中，鬆鬆的覆蓋上保鮮膜，以微波加熱 5 分鐘左右，搗成泥狀。

2. 將沙拉油放入平底鍋中，以中火加熱後加入材料 A 拌炒 3 分鐘左右，加入材料 C 略微拌炒。

3. 將步驟 2 放入步驟 1 的缽盆中，混合均勻後分成 8 等份，作成直徑 4cm 的扁圓型，依序沾裹上材料 D。

4. 將鍋中放入 4cm 高的油炸用油，加熱至 180℃後放入步驟 3，油炸 4 分鐘至上色。

03. 甜辣醬蝦仁

01. 酥炸鱈魚排佐甜醬

02. 梅子炸竹莢魚排

04. 味噌烤鯖魚

060

06. 照燒鰤魚

05. 帆立貝奶油可樂餅

08. 檸檬風味鮭魚鋁箔燒

07. 焗蝦仁通心粉

01 酥炸鱈魚排佐甜醬

半解凍微波時間
» 15秒（1個）保鮮膜✕

酸甜醬加入醬油可以避免變質。
醬汁在冷凍前一刻淋上，可以避免滲入食材中！

■ 材料［6個］

生鱈魚（魚排、對半切）…3片
A 天麩羅粉、水…各4大匙
B 醬油…2大匙
　 砂糖…1又1/2大匙
　 醋…1/2大匙
　 生薑泥（市售軟管）…2cm
油炸用油…適量

■ 作法［調理器具：鍋子］

1. 將材料B放入小鍋子中以小火加熱，煮至液體產生稠度後冷卻備用。
2. 取一缽盆混合材料A。
3. 將鍋中放入4cm高的油炸用油，加熱至180℃，將鱈魚沾裹上步驟2後下鍋，油炸3分鐘至上色，冷卻後淋上步驟1。

///////////////////////

02 梅子炸竹莢魚排

半解凍微波時間
» 25秒（1個）保鮮膜✕（廚房紙巾〇）

在調味中添加梅子泥，可以消除魚腥味。
由於是要作成便當菜色，請選擇尺寸較小的竹莢魚使用

■ 材料［6個］

竹莢魚（去骨魚排，拔除骨刺）…6片
梅子泥（市售軟管狀）…1大匙
A 低筋麵粉、雞蛋、麵包粉…各適量
油炸用油…適量

■ 作法［調理器具：鍋子］

1. 將每塊魚排塗上1/2小匙梅子泥後，依序沾裹上麵衣的材料A。
2. 將鍋中放入4cm高的油炸用油，加熱至180℃後放入步驟1，油炸3分鐘至上色。

> Point!!
>
> 如果覺得要拔除骨刺很麻煩，可以使用已經拔好魚骨的竹莢魚就會很省事。

03 甜辣醬蝦仁

半解凍微波時間
» 15秒（紙杯1個〔50ml〕）保鮮膜〇

有了太白粉的幫助，就算是冷卻後蝦子依舊彈牙。
撒上巴西利取代毛豆也很吸睛

■ 材料［便於操作的份量］

蝦子（去頭帶殼）…12尾
鹽、黑胡椒…各少許
太白粉…適量
A 番茄醬、醋…各3大匙
　 豆瓣醬、蒜泥（市售軟管）…各少許
油炸用油…適量
冷凍毛豆（解凍後去除外殼）…6根

■ 作法［調理器具：微波爐、鍋子］

1. 蝦子去殼留尾，洗淨後剔除泥腸。撒上鹽與黑胡椒，撒上薄薄一層太白粉。
2. 取耐熱容器放入材料A充分混合後，鬆鬆的覆蓋上保鮮膜，以微波加熱30秒，冷卻備用。
3. 將鍋中放入4cm高的油炸用油，加熱至180℃放入步驟1油炸3分鐘。
4. 將步驟3放入步驟2的缽盆中，加入毛豆拌勻。

///////////////////////

04 味噌烤鯖魚

半解凍微波時間
» 20秒（每1塊）保鮮膜〇

不使用烤魚器，而用小烤箱烤魚。
味噌容易烤焦，烘烤時請注意

■ 材料［6個］

新鮮鯖魚（去骨魚排1塊切成3片）…2片
A 砂糖、味噌、味醂、水…各1大匙
　 醬油…1小匙
　 生薑泥（市售軟管）…1cm

■ 作法［調理器具：小烤箱］

1. 在烤盤鋪上鋁箔紙，塗上適量的沙拉油（份量外），將鯖魚的皮朝上放於烤盤，塗上混合均勻的材料A，以小烤箱烤15分鐘（烘烤期間如果有表面燒焦的狀態，請蓋上鋁箔紙）。

05 帆立貝奶油可樂餅

半解凍微波時間
» 15秒（1個）保鮮膜╳（廚房紙巾○）

使用了大量的帆立貝，口感非常好。
請用大尺寸的帆立貝製作

■ 材料［8個］

A 帆立貝的貝柱（生干貝）（對半切）
　　…8個（200g）
└ 洋蔥（切末）…1/2個

奶油…20g
低筋麵粉…2大匙
牛奶…300ml
顆粒高湯粉…1/2小匙
B 低筋麵粉、蛋液、麵包粉…各適量
油炸用油…適量

> *Point!!*
> 白醬無法直接塑形，所以下鍋前先冷凍。

■ 作法［調理器具：平底鍋、鍋子］

1. 將奶油放入平底鍋中以中火加熱，加入材料A拌炒4分鐘左右，加入低筋麵粉炒至粉類消失，少量多次加入牛奶混合均勻，加入顆粒高湯粉混合均勻。放入保存容器中，冷卻後置於冷凍室30分鐘。

2. 將步驟1分成8等份後，整形成橢圓型，依序沾裹上材料B。

3. 將鍋中放入4cm高的油炸用油，加熱至180℃放入步驟2油炸3分鐘。

---

06 照燒鰤魚

半解凍微波時間
» 20秒（每1塊）保鮮膜○

鰤魚容易產生腥味，請確實烤至上色為止。
使用溫度較高烤箱的目的就在這裡

■ 材料［6個］

新鮮鰤魚（去骨魚排1塊切成3片）…2片
A 醬油、蜂蜜…各2大匙
└ 酒…1大匙

■ 作法［調理器具：小烤箱］

1. 將材料A放入塑膠袋中混合均勻，放入鰤魚於袋子外面按摩後靜置10分鐘。

2. 在烤盤鋪上鋁箔紙，塗上適量的沙拉油（份量外），將鰤魚鋪放於烤盤上，以小烤箱烤15分鐘（烘烤期間如果有表面燒焦的狀態，請蓋上鋁箔紙）。

---

07 焗蝦仁通心粉

半解凍烘烤時間
» 3分（1杯［45ml］）保鮮膜╳

簡直就跟市售品一模一樣。
小尺寸的鋁箔杯，使用起來非常方便

■ 材料［45ml 鋁箔杯8個］

蝦子（去頭帶殼）…8尾
奶油…15g
洋蔥（切末）…1/4個
低筋麵粉…1大匙
牛奶…200ml
A 通心粉（請依照包裝指示時間再加2分鐘燙熟）
　　…（加熱前）40g
└ 顆粒高湯粉…1/3小匙
美乃滋、乾燥巴西利葉（依照喜好）…各適量

> *Point!!*
> 將蝦子平放入鋁箔容器中，置於便當的醒目處就會很漂亮

■ 作法［調理器具：平底鍋、小烤箱］

1. 蝦子去殼留尾，洗淨後剔除泥腸。

2. 將奶油放入平底鍋中以中火加熱，加入步驟1與洋蔥拌炒3分鐘左右，加入低筋麵粉炒至粉類消失，少量多次加入牛奶混合均勻後，加入材料A混合均勻。

3. 將鋁箔杯內側塗上適量的沙拉油（份量外），放入1/8份量的步驟2。以畫斜線的方式擠上美乃滋，撒上乾燥的巴西利。

4. 置於烤箱烤盤上烤10分鐘左右（烘烤期間如果有表面燒焦的狀態，請蓋上鋁箔紙）。

---

08 檸檬風味鮭魚鋁箔燒

半解凍微波時間
» 25秒（鮭魚1塊＋少許鴻禧菇）保鮮膜○

將定番的鋁箔燒加上柑橘醋變化，
調理後從鋁箔紙容器取出，分成小份冷凍

■ 材料［便於操作的份量］

A 新鮮鮭魚（去骨魚排1塊切成3片）…2片
└ 鴻禧菇（分成小朵）…1包（150g）
B 柑橘醋醬油、味醂、鹽…各1又1/2大匙
└ 沙拉油…1小匙
檸檬片（切成1/4圓片）…1片

■ 作法［調理器具：平底鍋］

1. 將25×25cm的鋁箔紙攤開，放入材料A，淋上混合好的材料B包妥。

2. 將步驟1放入平底鍋中，加入1大匙水（份量外）蓋上鍋蓋，以中火蒸8分鐘左右。冷卻後放入檸檬片

CHAPTER 03

雞蛋·加工食品的配菜

讓主菜更出色，使用蛋白質的食材，或是乾貨作成的配菜。

如果冷凍常備好便當中不可或缺的蛋卷，就不需要每天早上費時製作，是非常重要的菜色。

※ 菜餚推薦在半解凍狀態裝盒。※ 冷凍保存期間3週。

※ 每道菜色都有詳細記載半解凍狀態的加熱所需時間。時間為參考值，解凍加熱時間為參考標準，請依照個數、重量調整。

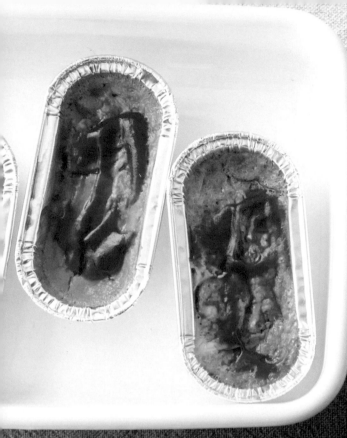

披薩鹹派

半解凍烘烤時間	3分（1杯份〔45ml〕）保鮮膜✕

不需要派皮的鹹派非常省時！
只需放入鋁箔杯中烤即可，直接放入便當中

■ 材料［45ml 鋁箔杯 8 個］

雞蛋…2個
A 青椒（切絲）…1個
　青椒…1個
　洋蔥（切薄片）…1/8個
　披薩醬…1大匙
　顆粒高湯粉…1/3小匙
披薩醬…2大匙

■ 作法［調理器具：小烤箱］

1. 在鋁箔杯內側塗上適量沙拉油（份量外）。
2. 將打散的蛋液放入缽盆中，加入材料**A**充分混合均勻後，分別於各鋁箔杯中倒入1/8。
3. 以小烤箱烘烤20分鐘左右，各別於表面塗上披薩醬。

韓國烤肉風鹹派

半解凍微波時間	15秒（1個）保鮮膜○

將鹹派以韓式口味做變化。
使用燒肉醬就可以簡單做好

■ 材料［縱 11× 橫 16× 深度 5.5cm 的耐熱容器］

雞蛋…3個
A 豬牛混合絞肉…50g
　韭菜（切成粗末）…1/2束
　燒肉醬…3大匙
　胡麻油…1大匙

■ 作法［調理器具：平底鍋、小烤箱］

1. 將打散的蛋液放入缽盆中。耐熱容器內側塗上沙拉油。
2. 將材料**A**放入平底鍋中，以中火加熱4分鐘充分拌炒均勻。加入步驟1的蛋液混合。
3. 將2倒入步驟1的以耐熱容器中，以小烤箱烤25分鐘左右（烘烤期間如果有表面燒焦的狀態，請蓋上鋁箔紙），脫膜冷卻後切成8等份。

Point!!
雞蛋趁熱加入美乃滋，可以緩和酸味，變成溫和的味道。

Point!!
將打好的蛋液過濾，蛋黃跟蛋白就會充分混合均勻，口感也會變得滑順。使用網目較粗的濾網過濾，濾除無法充分混合均勻的蛋黃與蛋白，以湯匙撈除表面的泡沫。

豌豆莢沙拉蛋

半解凍微波時間 » **15秒**（1個50ml）**保鮮膜○**

在炒蛋中加入美乃滋產生鬆軟的口感。
顏色非常漂亮，是重要的常備菜色

■ **材料**〔便於操作的份量〕

雞蛋（打成蛋液）…2個
沙拉油…2大匙
A 美乃滋…2大匙
… 鹽、胡椒…各少許
豌豆莢（以鹽水燙過
　斜切對半）…8根

■ **作法**
〔調理器具：鍋子、平底鍋〕

1. 將沙拉油倒入平底鍋中以大火加熱，放入蛋液，鍋子四周蛋液開始凝固後，使用調理筷以畫大圓的方式攪拌蛋液約5～7次，作成大塊的炒蛋。

2. 將步驟1趁熱放入缽盆中，加入材料A混合，冷卻後加入豌豆莢混合均勻。

玉米醬煎蛋

半解凍微波時間 » **15秒**（1個）**保鮮膜○**

帶有玉米甜味，品嚐美好的蛋卷風味。
大受孩子歡迎！

■ **材料**〔8個〕

A 雞蛋（打成蛋液，如果
　可以的話請過濾）
　…2個
玉米醬…1/2罐
　（90g）
牛奶…1大匙
顆粒高湯粉
　…1/2小匙
… 美乃滋…1小匙
乾燥巴西利葉…適量
沙拉油…1又1/2大匙

■ **作法**
〔調理器具：15 × 18cm 的煎蛋鍋〕

1. 將材料A倒入缽盆中充分混合均勻。

2. 將沙拉油1/2大匙倒入煎蛋鍋中，以中火充分加熱，倒入1/2份量步驟1，從距離自己較遠的地方將蛋卷向自己這端捲起。捲好之後將蛋卷朝距離自己較遠的地方移動。以同樣的方式重複2次，將蛋卷捲好整形。

3. 冷卻之後切成8等份。

番茄肉醬煎蛋

半解凍微波時間 » **15秒**(1個) 保鮮膜〇

如果只是在煎蛋上面加點番茄醬，好像有點陽春的時候，
就用這一道菜。把蛋切成正方形的話，看起來就很摩登

■ 材料［8個］

A 雞蛋…3個
　美乃滋、牛奶
　　…各1大匙
　顆粒高湯粉
　　…1/2小匙
沙拉油…1又1/2大匙
番茄肉醬(市售)
　…4大匙

■ 作法
［調理器具：15 × 18cm 的煎蛋鍋］

1. 將材料**A**倒入缽盆中充分混合均勻。

2. 將沙拉油1/2大匙倒入煎蛋鍋中，以中火充分加熱，倒入1/2份量步驟*1*，從距離自己較遠的地方將蛋捲向自己這端。捲好之後將煎蛋朝距離自己較遠的地方移動。以同樣的方式重複2次，將蛋卷捲好整形。

3. 冷卻之後切成8等份，淋上番茄肉醬。

櫻花蝦蔥花厚煎玉子燒

半解凍微波時間 » **5秒**(1個) 保鮮膜〇

冷凍後會變得乾鬆的煎蛋，
加入太白粉，就可以保持口感

■ 材料［8個］

A 雞蛋(打成蛋液，如果可以的話請過濾)
　…3個
　青蔥(切末)…1根
　櫻花蝦…3g
B 和風柴魚醬油
　　(2倍濃縮)…1大匙
　太白粉…1/2小匙
沙拉油…1又1/2大匙

■ 作法
［調理器具：15 × 18cm 的煎蛋鍋］

1. 將材料**B**倒入缽盆中充分混合均勻，加入材料**A**混合。

2. 將沙拉油1/2大匙倒入煎蛋鍋中，以中火充分加熱，倒入1/2份量步驟*1*，從距離自己較遠的地方將蛋捲向自己這端。捲好之後將煎蛋朝距離自己較遠的地方移動。以同樣的方式重複2次，將蛋卷捲好整形。

3. 冷卻之後切成8等份。

鱈寶伊達蛋卷

半解凍微波時間 » 15秒（1個）保鮮膜○

鬆軟鬆軟的迷你伊達蛋卷，最適合便當了！
如果沒有竹簾的話，請用保鮮膜替代

/////////////////////////////

■ 材料［8個］

A 雞蛋（打成蛋液，如果可以的話請過濾）…1個
　　鱈寶（剝成大塊）…1/2塊（50g）
　 … 砂糖、和風柴魚醬油（2倍濃縮）…各1/2大匙
沙拉油…1又1/2大匙

■ 作法［調理器具：食物調理機、15 × 18cm 的煎蛋鍋］

1. 將材料**A**以食物調理機打均勻。

2. 將煎蛋鍋塗上沙拉油後，以小火熱鍋，倒入步驟
   *1*攤平後蓋上鋁箔紙，加熱10分鐘，上色之後翻
   面，繼續蓋上鋁箔紙接著再加熱10分鐘。

3. 趁熱將蛋卷放在竹簾上，從靠近自己的地方往外
   捲好，以橡皮筋固定好。冷卻之後切成8等份。

韭菜炒蛋

半解凍微波時間 » 15秒（紙杯1個（50ml））保鮮膜○

使用能增強精力的食材－韭菜的菜色，營養滿分！
延長烹調時間，讓韭菜的香氣可以變得柔和

/////////////////////////////

■ 材料［便於操作的份量］

雞蛋（打成蛋液）…2個
胡麻油…2大匙
韭菜（切成4cm）…1/2把
A 和風顆粒高湯粉、醬油…各1/2小匙
　 … 胡椒…少許

■ 作法［調理器具：平底鍋］

1. 將沙拉油倒入平底鍋中以大火加熱，放入蛋
   液，鍋子四周蛋液開始凝固後，使用調理筷以
   畫大圓的方式攪拌蛋液約5～7次，作成大塊
   的炒蛋。

2. 轉中火，加入韭菜拌炒2分鐘左右，加入材料**A**
   拌炒均勻。

味噌蔥燒油豆腐

半解凍微波時間 » 15秒（每1塊）保鮮膜○

以冷藏室中的常備食材，快手作成一道菜。
濃郁的味噌口味最下飯了

■ 材料［便於操作的份量］

油豆腐（切成4cm小塊）…2塊（300g）

A 青蔥（切成末）…1/2根
　砂糖、味噌…各2大匙
　醬油…1大匙

炒過的白芝麻（依照喜好）…適量

■ 作法［調理器具：烤箱］

1. 將材料A放入缽盆中混合均勻。

2. 在烤盤鋪上鋁箔紙，塗上適量的沙拉油（份量
   外），將油豆腐間隔鋪放於烤盤上，在油豆腐上
   面塗上步驟1，烤15分鐘（烘烤期間如果有表面燒焦
   的狀態，請蓋上鋁箔紙）最後撒上白芝麻。

Point!!

將油豆腐的湯汁擠乾再保
存。如果沒有日式柴魚風味
白醬油，可使用和風柴魚醬
油（2倍濃縮）3大匙替代

快煮鮪魚豆皮

半解凍微波時間 » 15秒（紙杯1個（50ml））保鮮膜○

清爽的煮物，以日式柴魚風味白醬油調出較濃郁的味道。
是非常下飯的菜餚。請將湯汁擰乾後再冷凍

■ 材料［便於操作的份量］

A 油豆皮（以熱水去油後切成8mm條狀）…2片
　水…100ml
　青蔥（切末）…2根
　日式柴魚風味白醬油…2大匙

鮪魚罐頭（連同油脂，大塊鮪魚的種類）…小1罐（70g）

■ 作法［調理器具：鍋子］

1. 將材料A與鮪魚罐頭連同油放入鍋中，蓋上落
   蓋以大火加熱。沸騰之後轉小火煮3分鐘，浸泡
   在湯汁中靜置冷卻，瀝乾湯汁。

明太子起司豆腐丸子

半解凍微波時間 » 15秒（每1塊）保鮮膜✕（廚房紙巾○）

自家製的豆腐丸子美味更上一層。
明太子的顆粒感，讓口感更豐富！

■ 材料［8個］

A 木棉豆腐…1/3塊
　（100g）
　明太子(去除薄膜)
　　…一對(2條40g)
　綜合起司…30g
　雞蛋…1個
┈ 低筋麵粉…2大匙
油炸用油…適量

■ 作法［調理器具：鍋子］

1. 將材料A放入缽盆
　中，一邊弄碎豆腐一
　邊混合均勻。

2. 將鍋中放入4cm高的
　油炸用油，加熱至
　180℃，以較大的湯
　匙舀取1/8份量步驟*1*
　下鍋，一邊翻面一邊
　油炸3分鐘至上色。

毛豆與昆布鹽豆腐丸子

半解凍微波時間 » 15秒（每1塊）保鮮膜✕（廚房紙巾○）

不需要費事的將豆腐去水！以低筋麵粉將水份鎖在
裡面，就可以不噴油炸好。

■ 材料［8個］

A 木棉豆腐…1/3塊
　（100g）
　冷凍毛豆(解凍後去除
　　外殼)…淨重40g
　雞蛋…1個
　低筋麵粉…2大匙
┈ 鹽昆布…4g
油炸用油…適量

■ 作法［調理器具：鍋子］

1. 將材料A放入缽盆
　中，一邊弄碎豆腐一
　邊混合均勻。

2. 將鍋中放入4cm高的
　油炸用油，加熱至
　180℃，以較大的湯
　匙舀取1/8份量步驟*1*
　下鍋，一邊翻面一邊
　油炸3分鐘至上色。

火腿與通心粉沙拉

半解凍微波時間 | 15秒（紙杯 1個 50ml）保鮮膜〇

以鹽與胡椒確實的調足味道。
簡單的口味，與任何主菜都百搭

//////////////////////////////

材料［便於操作的份量］

A　薄片火腿（對半切後切成細絲）…6片
　　美乃滋…2大匙
通心粉（請依照包裝指示時間燙熟）…（加熱前）30g
鹽、胡椒…各適量

作法［調理器具：鍋子］

通心粉趁熱放入缽盆中，撒上鹽、胡椒。
冷卻後加入材料A混合均勻。

Point!!
蘆筍冷凍之後會變軟，只需
略略加熱即可

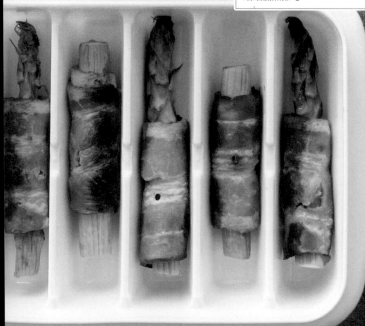

培根蘆筍卷

半解凍微波時間 | 15秒（1個）保鮮膜〇

濃郁的奶油與柑橘醋的酸味，是絕佳搭配！
可以放入如照片般的製冰盒中，各別冷凍保存

//////////////////////////////

■ 材料［8個］

薄片培根（半片尺寸）…8片
綠蘆筍（切除根部對半切）…4根
奶油…5g
柑橘醋醬油…1大匙

作法［調理器具：平底鍋］

1　將1根蘆筍搭配1片培根捲好，以牙籤固定。
2　將奶油放入鍋中以中火加熱，將步驟 並排
　　於鍋中，一邊翻動一邊煎至上色後加入柑橘
　　醋，與鍋中材料拌勻。冷卻後拔除牙籤。

> *Point!!*
> 白蘿蔔冷凍之後會變軟，所
> 以只需要煎至培根上色即可。

培根捲白蘿蔔

半解凍微波時間	» **15秒**（1個）保鮮膜〇

培根的好味道滲入白蘿蔔中，
就算不使用調味料也非常美味！

■ **材料**［16個］

薄片培根（半片尺寸）
　　…8片
白蘿蔔（切成2cm正方的
　　條狀8根）…4cm
沙拉油…2小匙

■ **作法**［調理器具：平底鍋］

1. 將1根白蘿蔔搭配1片
   培根捲好。
2. 將奶油放入鍋中以中火
   加熱，將步驟1接口朝
   下並排於鍋中，一邊翻
   動一邊煎至培根上色。
   冷卻後對半切。

方塊煎培根白蘿蔔

半解凍微波時間	» **15秒**（2塊白蘿蔔＋2塊培根）保鮮膜〇

白蘿蔔冷凍之後會變軟，所以不用加熱太久。
全部都切成方形看起來很新鮮特別！

■ **材料**［便於操作的份量］

A 培根塊（切成2cm正方）
　　…1/2個（90g）
　白蘿蔔（切成2cm正方）
　　…6cm
B 顆粒雞高湯粉
　　…1/3小匙
　粗粒黑胡椒…適量
橄欖油…1大匙

■ **作法**［調理器具：平底鍋］

1. 將橄欖油放入鍋中以
   中火加熱，放入材料
   A拌炒4分鐘左右加
   入材料**B**。

Point!!
黏度很高的麵糊，可以充分的黏在熱狗外，油炸時最初 10 秒請以調理筷夾住竹籤的一端，立著油炸，這樣就可以炸出外型漂亮的成品

德式熱狗馬鈴薯

| 半解凍微波時間 | » 15秒（50ml 紙杯 1 個）保鮮膜〇 |

冷凍之後口感會變差的馬鈴薯，
如果切成小塊，就不太會有感覺。

■ **材料**［容易操作的份量］

熱狗（切成7mm厚的
　　斜切薄片）…4根
A 馬鈴薯（切成7mm厚的
　　　半圓型薄片）…2個
￤⋯ 低筋麵粉 … 1大匙
橄欖油 … 2大匙
B 起司粉 … 1大匙
￤　乾燥巴西利葉
￤　　… 1/2大匙
￤⋯ 顆粒高湯粉 … 1/3小匙

■ **作法**［調理器具：平底鍋］

1. 將材料**A**放入塑膠袋中，
晃動袋子讓材料沾裹上
麵粉。

2. 將橄欖油倒入平底鍋
中，以小火加熱後放入
步驟1的馬鈴薯，雙面各
煎4分鐘左右。

3. 拭除鍋中多餘油份加入
熱狗，以中火拌炒1分鐘
左右後，加入材料**B**拌
炒均勻。

迷你美式熱狗

| 半解凍微波時間 | » 20秒（1 根）保鮮膜✕（廚房紙巾〇） |

迷你尺寸的熱狗超可愛！
作成像是兒童餐的便當

■ **材料**［8 根］

熱狗（長度對半切）…4根
A 鬆餅預拌粉
￤　　…1/2袋（75g）
￤　牛奶 … 50ml
￤⋯ 雞蛋 … 1/2個
油炸用油 … 適量

■ **作法**［調理器具：鍋子］

1. 以較短的竹籤串起熱狗。

2. 將材料**A**放入缽盆中混
合均勻，作成麵衣。

3. 將鍋中放入5cm高的油
炸用油，加熱至160℃。
將步驟1沾裹上步驟2後
下鍋油炸5分鐘至上色。

辣椒風味
炒蓮藕熱狗

半解凍微波時間 » **15秒（50ml紙杯1個）保鮮膜✕**

為了不讓冷凍改變蓮藕的口感，
請將蓮藕切成薄片再料理

材料〔容易操作的份量〕

A 熱狗（切成7mm厚的斜切薄片）···4根
└ 蓮藕（切成半圓型薄片）···1/3節
橄欖油···1大匙
B 紅辣椒（切成辣椒圈）···1/2條
└ 鹽···1/4小匙

■ **作法〔調理器具：平底鍋〕**

1. 將橄欖油倒入平底鍋中，以中火加熱後放入
   材料A拌炒5分鐘左右，加入材料B拌炒30
   秒左右。

Point!!
辣椒比較容易燒焦，之後加
入拌炒就十分夠味。

芥末蜂蜜
煎熱狗

半解凍微波時間 **10秒（1個）保鮮膜○**

在熱狗表面切了很多刀痕，
讓濃稠的醬汁滲入，充分沾附風味

材料〔8根〕

熱狗（劃上10刀痕）···8根
沙拉油···2小匙
A 蜂蜜、醬油···各2大匙
└ 顆粒芥末醬···1大匙

作法〔調理器具：平底鍋〕

將沙拉油倒入平底鍋中，以中火加熱後放入
熱狗，煎5分鐘左右至表面上色，加入混合
均勻的材料A，讓熱狗充分沾裹上醬汁。

Point!!
在熱狗表面切了很多刀痕，加熱時
比較不容易裂開。

50 mL

金平炒四季豆
天麩羅

| 半解凍微波時間 | 15秒（50mL紙杯）1個）保鮮膜○ |

食材切成一樣的大小，給人優雅的感覺。
讓人放鬆的溫和口味

■ 材料 ［容易操作的份量］

A 天麩羅（對半切後切成細長條）···3片（120g）
··· 四季豆（去頭去尾後切成2cm長）···6根
B 砂糖、醬油···各1大匙
··· 顆粒和風高湯粉···1小撮
胡麻油···2小匙

■ 作法 ［調理器具：平底鍋］

1. 將胡麻油倒入平底鍋中，以中火加熱後放入材
   料A拌炒5分鐘左右，加入材料B拌炒均勻。

Point!!
小心不要炸過頭，表面上色
之後就可以起鍋了。炸過頭
會膨脹過度，冷卻後就會
回縮

炸鱈寶排
佐咖哩塔塔醬

| 半解凍微波時間 | 20秒（1個）保鮮膜✕（廚房紙巾○） |

將節約食材鱈寶下鍋炸，就變成主角級的菜色
咖哩味道的鱈寶，美味更加分

■ 材料 ［8個］

鱈寶（對角線斜後再對切）···1片（100g）
咖哩粉···適量
A 低筋麵粉、蛋液、麵包粉···各適量
油炸用油···適量
塔塔醬（市售）···2大匙

■ 作法 ［調理器具：鍋子］

1. 將鱈寶略略撒上咖哩粉後，依序沾裹上麵衣
   材料A。

2. 將鍋中放入4cm高的油炸用油，加熱至
   180℃。將步驟1下鍋油炸1分鐘至上色，冷
   卻後淋上塔塔醬。

Point!!
如果不將竹輪切半油炸，
滲入竹輪孔洞中的麵衣炸
不脆，請切半製作

海苔炸竹輪

| 半解凍微波時間 | » **15秒**(1個)**保鮮膜✕**(廚房紙巾〇) |

充滿綠色海苔芬芳的炸竹輪。
深受大家喜愛的便當基本菜色

""""""""""""""""""""""""""""""""""

■ **材料**〔6個〕

竹輪(長度對半切)…3條
A 天麩羅粉(低筋麵粉
　　　亦可)…4大匙
　　水…3大匙
　　海苔粉…1/2大匙
油炸用油…適量

■ **作法**〔調理器具：鍋子〕

1. 將材料**A**放入缽盆中
　混合均勻。
2. 將鍋中放入4cm高
　的油炸用油，加熱至
　180℃。將竹輪沾裹上
　步驟1下鍋油炸40～
　50秒。

味醂照燒
青紫蘇竹輪卷

| 半解凍微波時間 | » **15秒**(1個)**保鮮膜〇** |

引人注目的外型！冷凍前拔除牙籤，
這樣也可以安心的放入小孩的便當裡

""""""""""""""""""""""""""""""""""

■ **材料**〔6個〕

竹輪(縱切對半)…3條
青紫蘇(縱切對半)…3片
胡麻油…2小匙
A 味醂、醬油
　　　…各2大匙

■ **作法**〔調理器具：平底鍋〕

1. 將竹輪有上色的那面
　朝上放置，放上一片
　青紫蘇葉。朝內側捲
　起，將紫蘇包在裡
　面。捲好之後以牙籤
　固定。
2. 將胡麻油到入鍋中以
　小火加熱，放入步驟
　1翻動加熱1分鐘，加
　入材料**A**加熱至湯汁
　出現光澤。

美乃滋照燒高野豆腐

| 半解凍微波時間 | » 15秒(1個)保鮮膜○ |

高野豆腐會吸收美乃滋,在調理過程中,
如果覺得油份不足,可以酌量追加美乃滋

■ **材料**[8個]

高野豆腐(泡水還原後,橫切成4等份)…2片
美乃滋…3大匙
A 味醂、醬油…各2大匙

■ **作法**[調理器具:平底鍋]

1. 將美乃滋放入平底鍋中以中火加熱,放入略略
   擰乾水份的高野豆腐,兩面煎至上色,加入混合
   好的材料**A**,讓食材均勻蘸上醬汁。

高湯煮高野豆腐

| 半解凍微波時間 | » 15秒(紙杯1個50ml)保鮮膜○ |

高雅的調味,適合做為便當中最後一口的菜色。
略微擰除湯汁後冷凍

■ **材料**[8個]

高野豆腐(泡水還原後,切成2cm塊狀)…2片
A 水…200ml
日式柴魚風味白醬油…2大匙
味醂…1大匙
青蔥(切末)…2根

■ **作法**[調理器具:鍋子]

1. 將略略擰乾水份的高野豆腐放入鍋中,加入材
   料**A**,蓋上落蓋,以大火加熱,沸騰後轉小火煮
   3分鐘左右。
2. 加入青蔥,冷卻後略略擰乾湯汁。

> *Point!*
> 如果沒有日式柴魚風味白醬
> 油時,可使用和風柴魚醬油
> (2倍濃縮)4大匙代替。

Point!!
鹿尾菜確實泡發之後使用，
這是煮出鬆軟鹿尾菜的秘訣

鹿尾菜煮鮪魚

| 半解凍微波時間 | » **15秒**（紙杯1個50ml）保鮮膜○ |

鮪魚罐頭連同油脂一同使用，讓味道更濃郁。
不僅有吃不膩的好味道，顏色也繽紛多彩

■ 材料［容易操作的份量］

鹿尾菜（泡水還原）…1袋
　（13g）
鮪魚罐頭（油漬）…小1罐
　（70g）
A 水…150ml
　味醂、醬油…各1大匙
　顆粒和風高湯粉 1/2小匙
冷凍毛豆（解凍後去除外殼）
　…豆子16顆

■ 作法［調理器具：鍋子］

1. 將略略擰乾水份的鹿
尾菜放入鍋中，加入
鮪魚罐頭連同油脂，
放入材料**A**，以大火
加熱。沸騰後轉小
火，不時混合一下煮
5分鐘左右。

2. 冷卻後略略瀝乾湯
汁，加入毛豆。

鮪魚韓式煎餅

| 半解凍微波時間 | » **15秒**（1片）保鮮膜○ |

以廚房用剪刀剪蔥，完全不需要動到菜刀。
味道比外觀看起來要濃郁，適合下飯的菜色

■ 材料［4片份］

A 鮪魚罐頭（油漬）
　…小1/2罐（35g）
　青蔥（切末）…1/2根
B 水…2大匙
　低筋麵粉、太白粉
　…各1又1/2大匙
　顆粒雞骨高湯粉
　…1/3小匙
胡麻油…3大匙
C 柑橘醋醬油、七味粉
　…各適量

■ 作法［調理器具：平底鍋］

1. 將材料**B**放入缽盆中
混合均勻，加入材料
A混合。

2. 將胡麻油放入鍋中以
中火加熱，放入1/4份
量步驟1，攤成5cm
直徑大小圓型，雙面
各煎2分鐘左右，淋
上材料**C**。

> *Point!!*
> 水份較多的小黃瓜，以鹽揉
> 過脫水，是操作時的鐵則。
> 冷凍後也可保持爽脆的口感

梅子風味鹿尾菜

半解凍微波時間 » 15秒（紙杯1個50ml）保鮮膜○

又甜又鹹的鹿尾菜與梅干的酸味，令人口齒生津。
半解凍後，也可以當作飯糰的餡料使用

■ 材料［容易操作的份量］

鹿尾菜（泡水還原）
　…1袋（13g）
胡麻油、炒過的白芝麻
　…各1大匙
A 水…50ml
　梅干（去核，切成粗末）
　　…2個
　砂糖、味醂…各2大匙

■ 作法［作法〔調理器具：鍋子〕

1. 將胡麻油放入鍋中
以中火加熱，將略
略擰乾水份的鹿尾
菜放入鍋中，拌炒1
分鐘左右。

2. 放入材料**A**轉小火，
煮10分鐘左右，煮
至收乾湯汁，最後加
入白芝麻混合均勻。

中華風冬粉沙拉

半解凍微波時間 » 15秒（紙杯1個50ml）保鮮膜○

令人喜歡的微甜調味，簡單的一道涼拌菜。
健康的冬粉推薦給爸爸帶便當。添加火腿也不錯

■ 材料［容易操作的份量］

冬粉（以熱水還原後，切成方便
　食用的長度）…1袋（30g）
A 小黃瓜（縱切對半後，斜切
　　成細絲）…2條
　鹽…1/2小匙
B 砂糖、醋…各2大匙
　醬油、胡麻油
　　…各1大匙

■ 作法［調理器具：無］

1. 將材料**A**放入塑膠袋
中，隔著袋子充分按
摩靜置5分鐘，擰乾
多餘水份，冬粉確實
擰乾水份。

2. 將材料**B**放入缽盆中
混合均勻後，加入步
驟1的小黃瓜與冬粉
拌勻。

黑胡椒蘿蔔乾絲
炒培根

半解凍微波時間
» **15秒**（紙杯1個50ml）保鮮膜〇

蘿蔔乾絲的西式炒菜版本。
與麵包搭配也很不錯

/////////////////////////////////////

■ 材料〔容易操作的份量〕

蘿蔔乾絲（泡水還原，切成方便食用的長度）
　　…1袋（35g）
橄欖油…2大匙
薄片培根（半片尺寸切成1cm寬）…8片
A　黑胡椒…研磨4圈
└　鹽…適量

■ 作法〔調理器具：平底鍋〕

1. 將橄欖油放入鍋中以中火加熱，放入
　 培根略略拌炒。
2. 放入擇乾水氣的蘿蔔乾絲拌炒3分鐘左
　 右，加入材料A混合均勻。

辣炒蘿蔔乾絲

半解凍微波時間
» **15秒**（紙杯1個50ml）保鮮膜〇

微辣且脆口的嚼感，
增加享用的樂趣！

/////////////////////////////////////

■ 材料〔容易操作的份量〕

蘿蔔乾絲（泡水還原，切成方便食用的長度）
　　…1袋（35g）
胡麻油…2大匙
A　砂糖、醬油…各2大匙
└　炒過的白芝麻、韓式辣味噌…各1大匙

■ 作法〔調理器具：平底鍋〕

1. 將胡麻油放入鍋中以中火加熱，放入
　 擇乾水氣的蘿蔔乾絲拌炒3分鐘左右，
　 加入混合均勻的材料A拌炒1分鐘。

適合便當的小點心

Point!!
為了避免冷凍保存時所造成的乾燥，請個別以保鮮膜包妥後放入保存袋中冷凍

杯子布朗尼

半解凍微波時間 » **20秒**(1個) **保鮮膜**○

以鬆餅預拌粉與塊狀巧克力製作，絕對不會失敗！
濃厚的巧克力味，最適合為便當劃下句點

■ 材料［直徑 5 × 高度 5cm 的耐熱紙杯 8 個］

A 板狀巧克力(黑巧克力，切碎)…3片(150g)
　無鹽奶油…100g
　└ 牛奶…4大匙
細白砂糖…2大匙
雞蛋(蛋液)…2個
B 原味鬆餅粉…200g
　└ 可可粉…10g

■ 作法［調理器具：微波爐、烤箱］

1. 將材料A放入耐熱容器中，鬆鬆的覆蓋上保鮮膜，加熱1分20秒左右。加入細白砂糖，混合融化砂糖。烤箱預熱180℃。

2. 蛋液分3次加入，每次都充分混合均勻。

3. 加入材料B以橡皮刮刀拌勻至粉狀材料消失。

4. 放入紙杯中，以預熱180℃的烤箱烤15～18分鐘左右。

甜地瓜球

半解凍微波時間 » **15秒**(1個) **保鮮膜**○

作成適合小朋友的一口尺寸。
加了蜂蜜，就算冷了也很濕潤

■ 材料［20 個］

A 地瓜(切成2cm厚片，泡水除澀)…1條(300g)
　└ 牛奶…2大匙
B 砂糖、蜂蜜…各3大匙
　└ 奶油…30g
蛋黃(打散)、炒過的黑芝麻(依照喜好)
　…各適量

■ 作法［調理器具：微波爐、烤箱］

1. 將材料A放入耐熱容器中，鬆鬆的覆蓋上保鮮膜，加熱7分鐘左右。趁熱搗成泥加入材料B混合均勻，分成20等份整形成球狀。

2. 將鋁箔紙鋪在烤盤上，步驟*1*有間隔的排放在烤盤中。表面塗上蛋黃液，撒上烤過的黑芝麻，烤15分鐘(如果途中有燒焦，請蓋上鋁箔紙)。

可以簡單填滿便當剩餘的空間，迷你版的小點心。
每一道都可以冷凍保存3週，解凍之後依舊美味！
不論哪一道，都請放入密封袋中冷凍，半解凍之後放入便當裡。

蘋果派

| 半解凍微波時間 | » 15秒（1個）保鮮膜✗（廚房紙巾○） |

1片冷凍派皮可以做出8個蘋果派！
另外包好放入便當中

■ 材料［8個］

A 蘋果（帶皮切成1cm塊狀）⋯1個（250g）
⋮ 細白砂糖⋯4大匙
⋮ 檸檬汁⋯1大匙
⋮⋯ 肉桂粉⋯1/2小匙
B 冷凍派皮（解凍）⋯1片
蛋黃（打散）⋯適量

■ 作法［調理器具：微波爐、烤箱］

1. 將材料**A**放入耐熱容器中略微混合。鬆鬆的覆蓋上保鮮膜，加熱5分鐘左右。混合均勻後冷卻備用。烤箱預熱200℃。

2. 將派皮上方邊緣預留1cm左右，步驟1的蘋果，瀝乾湯汁均勻的攤平，不要重疊的佈滿整張派皮預留處以外的地方。將派皮從靠近自己的方向朝預留的邊緣處捲去，捲好之後壓緊，切成8等份。

1. 將烘焙紙鋪在烤盤上，步驟2切口朝上排放在烤盤中，表面塗上蛋黃液，烤25～30分鐘。

芝麻球

| 半解凍微波時間 | » 10秒（1塊）保鮮膜✗（廚房紙巾○） |

內側軟糯有彈性。表皮芝麻顆粒的口感也令人感到愉快！
亦可使用黑白雙色芝麻製作，讓外觀產生變化

■ 材料［16個］

A 白玉粉⋯130g
⋮ 砂糖⋯2小匙
⋮⋯ 鹽⋯1小撮
水⋯130ml
白豆餡⋯320g
炒過的白芝麻⋯50g
油炸用油⋯適量

> **Point!!**
> 以白玉粉製作的麵團與空氣接觸後，隨即會因為乾燥產生裂痕，便不容易包入紅豆餡。所以在製作時請以保鮮膜蓋好，避免麵團乾燥

■ 作法［調理器具：鍋子］

1. 將材料**A**放入缽盆中，少量分次加入份量中的水，揉至均勻。分成16等份，整形成球形，置於調理盤上，蓋上保鮮膜。將白豆餡分成16等份，整形成球形。

2. 將步驟1的外皮壓平後包入白豆餡揉圓，表面蘸上少許的水（份量外），整體均勻沾裹上炒過的白芝麻。

3. 將鍋中放入5cm高的油炸用油，加熱至160℃後放入步驟2，一邊翻動一邊油炸2分鐘左右。

CHAPTER 04

色彩繽紛的蔬菜配菜

小份量，多色彩，是便當中不可或缺的蔬菜配菜。
在此不僅以食材本身的顏色分類，也以成品的顏色進行分類。每種顏色都備齊就非常方便。

※菜餚推薦在半解凍狀態裝盒。※冷凍保存期間3週。
※每道菜色都有詳細記載半解凍狀態的加熱所需時間。時間為參考值，解凍加熱時間為參考標準，請依照個數、重量調整。

Point!

依照豆渣不同水份含量差異很大,所以水量請斟酌加減份量。煮至豆渣濕潤鬆軟即可。使用薄口醬油的話,胡蘿蔔的顏色與味道會更清新。

胡蘿蔔炒鱈魚子

| 半解凍微波時間 |
» 15秒(紙杯1個50ml)保鮮膜○

胡蘿蔔切絲,確實炒過
就可以抑制胡蘿蔔本身獨特的味道
變得更好吃

////////////

■ 材料[容易操作的份量]

胡蘿蔔(切絲)⋯1條
沙拉油⋯1大匙
A 鱈魚子(去除薄膜)⋯1/2對
　　(1條15g)
　　和風柴魚醬油(2倍濃縮)
　　⋯1/2大匙

■ 作法[調理器具:平底鍋]

1. 將沙拉油放入平底鍋中以小火加熱,放入胡蘿蔔拌炒5分鐘左右,至胡蘿蔔軟化。

2. 加入材料**A**拌炒1分鐘左右。

甜味胡蘿蔔

| 半解凍微波時間 |
» 15秒(每2片)保鮮膜○

配菜的定番菜色!
不使用奶油讓成品更清爽
不會過甜的高湯風味

////////////

■ 材料[容易操作的份量]

胡蘿蔔(切成1cm厚半圓型)
　　⋯1/2條(100g)
水⋯1大匙
顆粒高湯粉、橄欖油
　　⋯各1/2大匙
蜂蜜⋯1小匙

■ 作法[調理器具:微波爐]

1. 將所有材料放入耐熱容器中,鬆鬆的覆蓋上保鮮膜,加熱2分30秒。取出後直接蓋著保鮮膜降溫。

豆渣煮胡蘿蔔

| 半解凍微波時間 |
» 15秒(紙杯1個50ml)保鮮膜○

配合很快就煮熟的豆渣
將胡蘿蔔切成薄片
如果使用刨片器可以更節省時間

////////////

■ 材料[容易操作的份量]

胡蘿蔔(切成薄片)⋯1條
胡麻油⋯1大匙
生豆渣⋯40g
A 水⋯2又2/3大匙
　　醬油(如果有的話請使用
　　薄口醬油)、酒⋯各1大匙
　　砂糖⋯1/2大匙
　　和風顆粒高湯粉⋯1/3小匙

■ 作法[調理器具:平底鍋]

1. 將胡麻油放入鍋中以中火加熱,放入胡蘿蔔拌炒3分鐘左右,加入豆渣拌炒1分鐘左右。

2. 加入材料**A**轉小火,拌炒至湯汁收乾。

高湯橄欖油
煮彩椒

半解凍微波時間

» **15秒**（紙杯1個50ml）**保鮮膜〇**

保留鮮豔的紅色與口感的秘訣
就是用非常短的時間烹調食物！
煮過頭顏色就會變得黯淡

////////////////

■ **材料**〔容易操作的份量〕

紅椒（切成2cm大小）…1小個
水…50ml
橄欖油…2大匙
顆粒高湯粉…1大匙
粗粒黑胡椒…少許

■ **作法**〔調理器具：鍋子〕

1. 將所有材料放入鍋中，蓋上
   落蓋以中火加熱，沸騰之後
   煮30秒，混合均勻。

咖哩番茄醬
煮彩椒

半解凍微波時間

» **15秒**（紙杯1個50ml）**保鮮膜〇**

迅速快炒調理出絕佳的口感。
香氣十足的咖哩粉
讓甜椒的甜味更突出

////////////////

■ **材料**〔容易操作的份量〕

紅椒（橫切對半後切成8mm絲）
　　…1小個
沙拉油…1/2大匙
A 番茄醬…2大匙
└ 咖哩粉…1/2小匙

■ **作法**〔調理器具：平底鍋〕

1. 將沙拉油放入鍋中以中火
   加熱，放入紅椒拌炒2分鐘
   左右。
2. 加入材料A轉小火，拌炒
   1分鐘左右。

蜂蜜芥末籽拌胡蘿蔔

半解凍微波時間

» **15秒**（紙杯1個50ml）**保鮮膜〇**

以鹽先將胡蘿蔔脫水是操作的訣竅
使用醬油替代芥末籽
就會變成和風拌胡蘿蔔

////////////////

■ **材料**〔便於操作的份量〕

胡蘿蔔（切細絲）…1條
鹽…1/2小匙
A 蜂蜜、醋…各1大匙
　　芥末籽、沙拉油
└　　…各1/2大匙

■ **作法**〔調理器具：無〕

1. 將胡蘿蔔放入塑膠袋中，撒
   上鹽，在袋子外面充分揉捏
   後靜置10分鐘。胡蘿蔔軟
   化後擰乾水氣。
2. 將材料A放入缽盆中，加入
   步驟1的胡蘿蔔混合均勻。

黃色蔬菜

Point!!
在麵糊中加入酒和油，做出的口感會更脆，也能減少吸油量

酥炸起司玉米

半解凍微波時間

» **10秒**（每1塊）**保鮮膜✕（廚房紙巾○）**

玉米的甜味與起司的鹽味
形成絕妙的組合！尺寸迷你
就算以少量的油也可以炸好

■ **材料**［8個］

玉米粒罐頭（拭除水份）…100g

A 天麩羅粉…4大匙
　酒（或水）…3大匙
　起司粉…1大匙
　沙拉油…1/2小匙
油炸用油…適量

■ **作法**［調理器具：平底鍋］

1. 將材料**A**放入缽盆中略微混合均勻，加入玉米混合。

2. 於平底鍋中放入2cm高的油炸用油以中火加熱，以湯匙舀起1/8份量的步驟**1**，整形成直徑約4cm的圓型，放入雙面各油炸2分鐘。

奶油醬油風味
柴魚片玉米

半解凍微波時間

» **15秒**（紙杯1個50ml）**保鮮膜○**

玉米烹調至表面略略帶有焦色
這樣會讓香氣倍增，美味提升

■ **材料**［容易操作的份量］

玉米粒罐頭（拭除水份）…150g
奶油…10g

A 醬油…1小匙
　柴魚片…3g

■ **作法**［調理器具：平底鍋］

1. 將奶油放入平底鍋中以小火加熱，放入玉米拌炒5分鐘。加入材料**A**繼續拌炒30秒左右。

南瓜沙拉

半解凍微波時間

» **15秒**（紙杯1個50ml）**保鮮膜○**

以微波爐作出鬆軟的口感！
確實以鹽、胡椒調味
讓南瓜的甜味更明顯

■ **材料**［容易操作的份量］

A 南瓜（切成2cm大小）
　　…1/8個（淨重200g）
　水…2小匙

B 美乃滋…1大匙
　鹽、胡椒…各少許

■ **作法**［調理器具：微波爐］

1. 將材料**A**放入耐熱容器中，鬆鬆的覆蓋上保鮮膜，以微波加熱4分鐘左右，取出後直接以覆蓋保鮮膜的狀態靜置降溫。

2. 加入材料**B**混合均勻。

杏仁片
鹽味奶油南瓜

半解凍微波時間

» 15秒（紙杯1個50ml）**保鮮膜○**

杏仁片的香氣與畫龍點睛的口感。
以較甜的口味調味，讓人有甜點的
感覺

//////////

■ **材料**［容易操作的份量］

A 南瓜（切成2cm大小）···1/8個
　　（淨重200g）
└ 水···2小匙
B 砂糖···2大匙
　 奶油···5g
└ 鹽···少許

■ **作法**［調理器具：微波爐］

1. 將材料**A**放入耐熱容器中，
鬆鬆的覆蓋上保鮮膜，以微
波加熱4分鐘左右，
2. 趁熱加入材料**B**混合均勻。
冷卻後撒上杏仁片略微混合
均勻。

和風南瓜佐鮲仔魚芡

半解凍微波時間

» 15秒（紙杯1個50ml）**保鮮膜○**

深入人心的和風美味。
鮲仔魚的鹽味與鮮美，
與香甜的南瓜相得益彰

//////////

■ **材料**［容易操作的份量］

A 南瓜（切成3cm大小）
　　···1/8個（淨重200g）
└ 水···2小匙
B 水···50ml
　 鮲仔魚···10g
　 和風柴魚醬油（2倍濃縮）
　　···1又1/2大匙
　 味醂···1/2大匙
└ 太白粉···1小匙

■ **作法**［調理器具：微波爐、鍋子］

1. 將材料**A**放入耐熱容器中，
鬆鬆的覆蓋上保鮮膜，以微
波加熱4分鐘左右，直接覆
蓋上保鮮膜靜置放涼。
2. 將材料**B**放入鍋中，一邊攪
拌一邊以中火加熱，等湯汁
產生稠度之後熄火，淋在步
驟1上。

奶油香煎南瓜

半解凍微波時間

» 15秒（每2片）**保鮮膜○**

以簡單的調理法，做出南瓜的
美味，變化切法產生不同的外觀

//////////

■ **材料**［容易操作的份量］

A 南瓜（切成8mm、寬4cm長）
　　···1/8個（淨重200g）
└ 低筋麵粉···1大匙
奶油···10g
醬油···1/2大匙

■ **作法**［調理器具：平底鍋］

1. 將材料**A**放入塑膠袋中，晃
動塑膠袋讓材料均勻沾裹上
麵粉。
2. 將奶油放入平底鍋中以小火
加熱，放入步驟1的南瓜，
兩面各煎3分鐘左右，最後
以澆淋的方式加入醬油。

黃色蔬菜

Point!!
將地瓜泡水5分鐘後瀝乾，就可以避免氧化變色

柑橘醋南瓜

半解凍微波時間
» 15秒（每3片）保鮮膜○

使用柑橘醋簡單作成醋漬風味。甜甜的調味，讓討厭南瓜的人也可以簡單接受

■ 材料 [容易操作的份量]

A 南瓜（切成5mm寬3cm長）
　　…1/8個（淨重200g）
　水…1小匙

B 柑橘醋醬油…2大匙
　砂糖、白芝麻醬、胡麻油
　　…各1小匙

■ 作法 [調理器具：微波爐]

1. 將材料A放入耐熱容器中，鬆鬆的覆蓋上保鮮膜，以微波加熱4分鐘左右，直接覆蓋上保鮮膜靜置放涼。

2. 加入材料B混合均勻。

蜂蜜大學地瓜

半解凍微波時間
» 15秒（紙杯1個50ml）保鮮膜○

在冷凍的過程中，蜂蜜會滲透至地瓜中防止地瓜脫水乾澀。小朋友最喜歡的招牌甜點

■ 材料 [容易操作的份量]

地瓜（帶皮切成2cm大小的滾刀塊，
　　泡水除澀）…大1/2條（200g）

A 蜂蜜…2大匙
　味醂、醬油…各1小匙
油炸用油、炒過的黑芝麻
　　…各適量

■ 作法 [調理器具：鍋子、平底鍋]

1. 將鍋中放入4cm高的油炸用油，加熱至180℃後放入地瓜，油炸4分鐘。

2. 將材料A放入平底鍋中，以小火加熱。加熱至產生黏稠狀後放入步驟1的地瓜與炒過的黑芝麻，混合均勻。

檸檬煮地瓜

半解凍微波時間
» 15秒（紙杯1個50ml）保鮮膜○

檸檬的酸味與甜味平衡得恰到好處！紅色與黃色讓便當更多彩吸睛

■ 材料 [容易操作的份量]

地瓜（帶皮切成1cm厚1/4圓片）
　　…較細的1/2條

A 砂糖…6大匙
　檸檬汁…1大匙

■ 作法 [調理器具：微波爐]

1. 將地瓜不要重疊，放入平底鍋中排好。

2. 加入可以蓋過地瓜左右的水（份量外）與材料A，蓋上廚房紙巾作為落蓋，以小火煮10分鐘左右。蓋著落蓋讓地瓜在湯汁中冷卻。

鹽味奶油地瓜

半解凍微波時間

» **15秒**（紙杯1個50ml）**保鮮膜○**

奶油與砂糖具有保濕效果
冷凍過後也不會乾柴
削皮讓口感更滑順

■ **材料**［ 容易操作的份量 ］

A 地瓜（去皮切成1cm厚圓片，
　 泡水除澀）… 大1/2條（200g）
…… 水 … 2小匙
B 砂糖 … 3大匙
　 奶油 … 10g
…… 鹽 … 少許

■ **作法**［ 調理器具：微波爐 ］

1. 將材料**A**放入耐熱容器中，
　 鬆鬆的覆蓋上保鮮膜，以微
　 波加熱5分鐘左右，趁熱加
　 入材料**B**混合均勻。

甜醋醬煮彩椒

半解凍微波時間

» **15秒**（紙杯1個50ml）**保鮮膜○**

酸甜的滋味，最適合用來當作便當的
最後一口。
紅色的彩椒也可用同樣的方法烹調，
常備菜色的變化將會更豐富

■ **材料**［ 容易操作的份量 ］

黃色彩椒（切成2cm小塊）… 1個
沙拉油 … 1/2大匙
A 水 … 50ml
　 砂糖、醋 … 各1大匙
　 醬油 … 1/2大匙
…… 太白粉 … 1小匙

■ **作法**［ 調理器具：平底鍋 ］

1. 將沙拉油放入鍋中以中火加
　 熱，放入彩椒拌炒2分鐘左
　 右，加入材料**A**轉小火，一
　 邊混合均勻，一邊將湯汁煮
　 至勾芡狀。

蒜味炒彩椒

半解凍微波時間

» **15秒**（紙杯1個50ml）**保鮮膜✗**

與清爽的菜色最搭
充滿份量的口味
也可以使用生薑代替大蒜

■ **材料**［ 容易操作的份量 ］

黃色彩椒（橫切對半後，切成5mm
　 細絲）… 1個
胡麻油 … 1大匙
A 砂糖、醬油 … 各2大匙
…… 蒜泥（市售軟管）… 2cm

■ **作法**［ 調理器具：平底鍋 ］

1. 將胡麻油放入鍋中以中火加
　 熱，放入彩椒拌炒2分鐘左
　 右，加入混合好的材料**A**拌
　 炒均勻，攤放在調理盤上
　 冷卻。

Point!!
小黃瓜冷凍之後容易出水，事先揉過鹽靜置10分鐘左右，以手擰乾多餘水份

淺漬昆布絲小黃瓜

半解凍微波時間

» **15秒**（紙杯1個50ml）**保鮮膜○**

微微的辣味食慾大增
不需要開火就能簡單完成
紅綠相間的色彩也很繽紛

////////////

■ **材料**［便於操作的份量］

A 小黃瓜（切成1cm圓片）…1條
└ 鹽…1/2小匙
B 昆布絲…2g
　 紅辣椒（切成辣椒圈）…1/3條
└ 炒過的白芝麻…1/2大匙

■ **作法**［調理器具：無］

1. 將材料**A**放入塑膠袋中，於袋子外面充分揉捏，靜置10分鐘左右，確實擰乾多餘水份。
2. 將步驟1的小黃瓜放入另一個塑膠袋中，放入材料**B**充分揉過之後靜置5分鐘。

生薑風味漬小黃瓜

半解凍微波時間

» **15秒**（紙杯1個50ml）**保鮮膜○**

爽脆的口感使人上癮！
加了生薑讓味道更清爽
也很適合搭配炸物解膩！

////////////

■ **材料**［便於操作的份量］

A 小黃瓜（縱切對半後切成1cm
　　斜片）…1條
└ 鹽…1/2小匙
B 胡麻油…1大匙
　 薑（切成粗末）…5g
└ 顆粒雞骨高湯粉…1/2小匙

■ **作法**［調理器具：無］

1. 將材料**A**放入塑膠袋中，於袋子外面充分揉捏。靜置10分鐘左右，確實擰乾多餘水份。
2. 將步驟1的小黃瓜放入缽盆中，放入材料**B**混合均勻。

醋漬蟹味棒小黃瓜

半解凍微波時間

» **15秒**（紙杯1個50ml）**保鮮膜○**

加了蟹味棒不僅鮮味提升
色彩更繽紛！
不加蟹味棒也會很美味

////////////

■ **材料**［便於操作的份量］

A 小黃瓜（切成5mm圓片）…1條
└ 鹽…1/2小匙
B 蟹味棒（拆成細絲）…20g
└ 砂糖、醋…各1大匙

■ **作法**［調理器具：無］

1. 將材料**A**放入塑膠袋中，於袋子外面充分揉捏，靜置10分鐘左右，確實擰乾多餘水份。
2. 將步驟1的小黃瓜放入缽盆中，放入材料**B**混合均勻。

Point!!
花椰菜在拌入醬料前請輕
輕的將水氣拭乾,在這個
步驟如果水份擦得太乾,
將不容易均勻的沾裹上胡
麻醬,請留下適當的水份

Point!!
小松菜過度加熱容易
出水,要注意不要炒
太久

胡麻醬綠色花椰菜

半解凍微波時間

» 15秒(紙杯1個50ml)保鮮膜○

以胡麻醬創造出濃郁的風味
將綠色花椰菜分成小朵
便於小份量冷凍保存

〃〃〃〃〃〃

■ 材料 [容易操作的份量]

A 綠色花椰菜(分成小朵)
⌐ ⋯1個(200g),
└ 水⋯1大匙

B 砂糖、醬油、味噌、
⌐ 白芝麻醬、炒過的白芝麻
└ ⋯各1大匙

■ 作法 [調理器具:微波爐]

1. 將材料**A**放入耐熱容器中,
鬆鬆的覆蓋上保鮮膜,加熱
2分鐘。取出靜置冷卻。

2. 將材料**B**放入缽盆中混合均
勻,步驟*1*擦乾多餘水份後
加入混合均勻。

柚子胡椒炒小松菜

半解凍微波時間

» 15秒((紙杯1個50ml)保鮮膜○

冷凍過後柚子胡椒的香氣會減少,
如果非常喜歡的人
可以增加1倍份量

〃〃〃〃〃〃

■ 材料 [容易操作的份量]

小松菜(切成4cm長)⋯1/2把
沙拉油⋯1/2大匙
A 柚子胡椒⋯1小匙
⌐ 顆粒和風高湯粉⋯1/3小匙

■ 作法 [調理器具:平底鍋]

1. 將沙拉油放入鍋中以中火加
熱,放入小松菜拌炒1分鐘
左右,加入材料**A**略略拌炒
均勻。

中華風
青江菜炒櫻花蝦

半解凍微波時間

» 15秒((紙杯1個50ml)保鮮膜○

櫻花蝦的香氣與風味非常棒
這是一道主角級的配菜
紅與綠色的對比很美!

〃〃〃〃〃〃

■ 材料 [容易操作的份量]

青江菜(切成4cm小段)⋯1株
A 櫻花蝦⋯3g
⌐ 顆粒雞高湯粉、豆瓣醬
│ ⋯各1/2小匙
└ 醬油⋯1/3小匙

■ 作法 [調理器具:平底鍋]

1. 將胡麻油放入鍋中以中火加
熱,放入青江菜拌炒3分鐘
左右。加入材料**A**略略拌炒
均勻。

胡麻油鹽味甜豆莢

半解凍微波時間

» 15秒（（紙杯1個50ml）保鮮膜○

為了保留爽脆的口感
汆燙的時間要短，春天絕對要做，
充滿季節感的一道菜

■ **材料**［容易操作的份量］

甜豆莢（撕除兩側粗筋）⋯18個
A 胡麻油⋯1/2大匙
　　顆粒雞高湯粉⋯1/2小匙
　　黑胡椒⋯少許

■ **作法**［調理器具：鍋子］

1. 將甜豆莢以鹽水汆燙1分
　鐘，泡冷水降溫後擦乾水
　份，斜切對半。
2. 將步驟1放入缽盆中與材料
　A混合均勻。

檸檬橄欖油高麗菜絲

半解凍微波時間

» 15秒（（紙杯1個50ml）保鮮膜○

清爽的味道，不論與和・洋・中
哪種料理都很搭！
加點切過的檸檬片也很可愛

■ **材料**［容易操作的份量］

A 高麗菜（切絲）⋯1/4個
　　鹽⋯1/2小匙
B 砂糖⋯2大匙
　　檸檬汁、醋、橄欖油
　　　⋯各1大匙
　　黑胡椒⋯少許

■ **作法**［調理器具：無］

1. 將材料A放入塑膠袋中，於
　袋子外面充分揉捏，靜置
　5分鐘左右，確實擰乾多餘
　水份。
2. 將材料B放入缽盆中混合，
　加入步驟1混合均勻。

柴魚梅子風味秋葵

半解凍微波時間

» 15秒（紙杯1個50ml）保鮮膜○

黏黏的秋葵，以清爽的梅子調味，
美味倍增。不需要使用調味料
就能輕鬆完成

■ **材料**［容易操作的份量］

秋葵⋯10根
A 梅子泥（市售軟管）⋯2小匙
　　柴魚片⋯3g

■ **作法**［調理器具：鍋子］

1. 將秋葵以鹽水汆燙1分鐘，
　泡冷水降溫後擦乾水份，切
　成1cm斜片。
2. 將步驟1放入缽盆中與材料
　A混合均勻。

Point!!
如果沒有花生粉,也可使用等量磨過的芝麻代替。

酥炸四季豆拌花生醬

半解凍微波時間

» **15秒**(紙杯1個50ml)保鮮膜〇

四季豆的豆生味,
經過油炸再在以花生醬,銳減!
就算是小小朋友也會喜歡

■ 材料[便於操作的份量]

四季豆(去頭去尾,切成2cm小段)
　…18根
A 花生粉…1大匙
　砂糖、醋、醬油
　　…各1/2大匙
油炸用油…適量

■ 作法[調理器具:平底鍋]

1. 鍋中放入1cm高的油炸用油,以中火加熱放入四季豆,油炸1分鐘,靜置放涼。

2. 將材料**A**放入缽盆中混合均勻後,放入步驟*1*拌勻。

佃煮青椒

半解凍微波時間

» **15秒**(紙杯1個50ml)保鮮膜〇

我們家的定番菜色
炒過的芝麻可以幫助吸收水份
所以請多加一點

■ 材料[便於操作的份量]

青椒(切成細絲)…5個
胡麻油、炒過的白芝麻
　…各1大匙
A 砂糖、醬油
　　…各1又1/2大匙
　蒜泥(市售軟管)…2cm

■ 作法[調理器具:平底鍋]

1. 將胡麻油放入平底鍋中,以中火加熱,放入青椒拌炒2分鐘左右。

2. 加入材料**A**煮約2分鐘至湯汁收乾,放入炒過的白芝麻拌炒均勻。

山苦瓜天麩羅

半解凍微波時間

» **10秒**(1個)保鮮膜╳(廚房紙巾〇)

苦瓜的苦味揉過鹽之後會變溫和
油炸過後會變軟,
所以請切厚一點

■ 材料[容易操作的份量]

山苦瓜(去除種子與白膜,
　切成1.5cm圓片)…1/2根
鹽…1/2小匙
A 天麩羅粉…4大匙
　酒(水亦可)…3大匙
　沙拉油…1/2小匙
油炸用油…適量

■ 作法[調理器具:平底鍋]

1. 將苦瓜撒上鹽後靜置10分鐘左右,拭乾表面水份。

2. 取一缽盆略混合材料**A**。

3. 將鍋中放入2cm高的油炸用油。以中火加熱,將步驟*1*沾裹上步驟*2*後下鍋,雙面各油炸2分鐘左右。

白色蔬菜

Point!!

蓮藕以醋水浸泡3分鐘左右除澀。請注意蓮藕如果直接冷凍會變色,雜味釋放影響風味。

鹽味海苔炒蓮藕

半解凍微波時間
» 15秒(紙杯1個50ml) 保鮮膜✕

蓮藕依照切法不同
可以享受不同的口感
切成條狀不論是外觀或口感都很新鮮

///////////

■ **材料** [便於操作的份量]

蓮藕(切成1×3cm的長條狀,
　泡水除澀)…1/2節
胡麻油…1大匙
A 海苔粉、鹽、黑胡椒
┊　…各適量

■ **作法** [調理器具:平底鍋]

1. 將胡麻油放入平底鍋中,以
中火加熱,放入蓮藕拌炒6
分鐘左右,加入材料A拌炒
均勻。

醋漬蓮藕

半解凍微波時間
» 15秒(每2片) 保鮮膜〇

爽脆的口感令人上癮!
為了避免燙過後變色
請選擇新鮮的蓮藕使用

///////////

■ **材料** [容易操作的份量]

蓮藕(切成5mm圓片、泡水除澀)
　…1/2節(細的)
鹽…少許
A 醋…3大匙
┊ 砂糖…2大匙
┊ 昆布(切成2cm小塊)…1片

■ **作法** [調理器具:鍋子]

1. 將蓮藕以熱水汆燙2分鐘左
右,置於濾網上撒鹽放涼。

2. 將步驟1與材料A放入塑膠
袋中,輕輕的按摩後抽除空
氣,封口,靜置於冷藏室中
2個鐘頭左右醃漬。拿掉昆
布後分成小份量。

涼拌白菜

半解凍微波時間
» 15秒((紙杯1個50ml) 保鮮膜〇

揉過鹽之後確實瀝除水份
調味料就可以充分入味。
以黑芝麻添加顏色與風味

///////////

■ **材料** [容易操作的份量]

A 白菜(切成1cm絲)…2片
┊ 鹽…1/2小匙
B 醋…2大匙
┊ 砂糖、沙拉油(如果有的話
┊　使用米油)…各1大匙
┊ 紅辣椒(切成辣椒圈)…1/2條
┊ 炒過的黑芝麻…1/2大匙

■ **作法** [調理器具:無]

1. 將材料A放入塑膠袋中,按
摩後靜置10分鐘,擰乾水份。

2. 將材料B放入缽盆中混合
後,加入步驟1的白菜混拌
均勻。

Point! 可以使用鹽昆布茶代替顆粒和風高湯粉

白蘿蔔拌芝麻鹽味昆布

> 半解凍微波時間
>
> » 15秒（紙杯1個50ml）**保鮮膜○**

脆脆的口感讓人上癮！
為了不讓白蘿蔔過度染上
鹽味昆布的顏色，
請拌勻之後立即冷凍保存

////////////.

■ **材料**［便於操作的份量］

A 白蘿蔔（切成5mm厚的
　1/4圓片）⋯1/4條
└ 鹽⋯1/2小匙
B 鹽昆布⋯3g
└ 炒過的白芝麻⋯1/2大匙

■ **作法**［調理器具：無］

1. 將材料**A**放入塑膠袋中，於
袋子外面充分揉捏後靜置
10分鐘，確實擰乾水氣。

2. 將步驟1的白蘿蔔放入缽盆
中，加入材料**B**混合均勻。

柚子蘿蔔

> 半解凍微波時間
>
> » 15秒（紙杯1個50ml）**保鮮膜○**

就像千枚漬一樣美味！
剩下的柚子，請參考P121
與檸檬使用相同方式冷凍保存

////////////.

■ **材料**［便於操作的份量］

A 白蘿蔔（切成1×3cm的條狀）
　⋯6cm
└ 鹽⋯1/2小匙
B 砂糖、醋　各4大匙
└ 柚子皮（切絲）⋯適量

■ **作法**［調理器具：無］

1. 將材料**A**放入塑膠袋中，於
袋子外面充分揉捏後靜置
10分鐘，確實擰乾水氣。

2. 將取另外一個塑膠袋，放入
步驟1的白蘿蔔與材料**B**，
充分按摩後抽除空氣，封
口，靜置於冷藏室中6個鐘
頭，醃漬後分裝冷凍。

淺漬蕪菁

> 半解凍微波時間
>
> » 15秒（紙杯1個50ml）**保鮮膜○**

最適合當作停下筷子的漬物
和風高湯風味與蕪菁非常搭，
推薦使用昆布為基底的和風高湯粉

////////////.

■ **材料**［便於操作的份量］

A 蕪菁（切成1/4薄的圓片）⋯1個
└ 鹽⋯1/2小匙
顆粒和風高湯粉⋯1小匙

■ **作法**［調理器具：無］

1. 將材料**A**放入塑膠袋中，於
袋子外面充分揉捏後靜置
10分鐘，確實擰乾水氣。

2. 將取另外一個塑膠袋，放入
步驟1的蕪菁與和風高湯
粉，充分按摩後抽除空氣，
封口，靜置於冷藏室中2個
鐘頭，醃漬後分裝冷凍。

紫色蔬菜

> **Point!!**
> 在炒之前讓茄子沾裹上油脂，可以避免茄子吸太多油，除了縮短加熱時間以外，均勻吸附油脂的茄子也會變得柔軟！

高湯浸烤茄子

半解凍微波時間

» **15秒**（紙杯1個50ml）**保鮮膜〇**

加了生薑提升防腐效果。
茄子冷凍後會縮水，
請切成較厚的尺寸

■ **材料**［便於操作的份量］

茄子（切成2cm圓片，泡水除澀）…2根
沙拉油…4大匙
A 青蔥（切末）…1條
  ┊ 和風柴魚醬油（2倍濃縮）、
  ┊   熱水…各3大匙
  ┊ 生薑泥（市售軟管）…2cm

■ **作法**［調理器具：平底鍋］

1. 將茄子放入平底鍋中，讓茄子沾裹上沙拉油。以小火加熱，雙面各煎3分鐘左右起鍋，淋上調好的材料A。

紫蘇鹽醋漬白蘿蔔

半解凍微波時間

» **15秒**（紙杯1個50ml）**保鮮膜〇**

醃漬1個小時變成淺淺的粉紅色。
時間越長顏色會越深，
請依照喜好調整醃漬時間再冷凍

■ **材料**［便於操作的份量］

A 白蘿蔔（切細絲）…5cm
  ┊ 鹽…1/2小匙
B 砂糖、醋…各2大匙
  ┊ 炒過的白芝麻…1大匙
  ┊ 紫蘇鹽…1小匙

■ **作法**［調理器具：無］

1. 將材料A放入塑膠袋中，於袋子外面充分揉捏後靜置10分鐘，確實擰乾水氣。
2. 取另外一個塑膠袋，放入材料B混均勻後放入步驟1的白蘿蔔，充分按摩後抽除空氣，封口，靜置於冷藏室1個鐘頭，醃漬後分裝冷凍。

紫色高麗菜
拌羅勒美乃滋

半解凍微波時間

» **15秒**（紙杯1個50ml）**保鮮膜〇**

就算是冷凍，也會保持美麗顏色
的紫色高麗菜。
加上羅勒變成有點時髦的味道

■ **材料**［便於操作的份量］

A 紫色高麗菜（切細絲）…1/4個
  ┊ 鹽…1/2小匙
B 醋…2大匙
  ┊ 砂糖、美乃滋…各1大匙
  ┊ 乾燥的羅勒葉…1/2大匙

■ **作法**［調理器具：無］

1. 材料A放入塑膠袋中，於袋子外面充分揉捏後靜置10分鐘，確實擰乾水氣。
2. 材料B置於缽盆中混合，加入步驟1的高麗菜混合均勻。

Point!!
茄子泡水10分鐘左右除澀。請注意茄子如果直接冷凍會變色，雜味釋放影響風味。

中華風甜醋漬鹽揉茄子

半解凍微波時間

» 15秒（紙杯1個50ml）保鮮膜○

不加熱的茄子料理。
茄子變成海綿狀
充分吸收調味料，非常入味！

■ 材料［便於操作的份量］

A 茄子（切成8mm厚的半月型，
　　泡水除澀）…2條
⌐ 鹽…1/2小匙

B 砂糖、醋…各2大匙
　 醬油、胡麻油…各1大匙
⌐ 豆瓣醬…1/3小匙

■ 作法［調理器具：無］

1. 將材料A放入塑膠袋中，於袋子外面充分揉捏後靜置5分鐘，確實擰乾水氣。

2. 將材料B置於缽盆中混合，加入步驟1的茄子混合均勻。

香味茄子沙拉

半解凍微波時間

» 15秒（紙杯1個50ml）保鮮膜○

生薑成為味覺的重點，
又甜又酸的菜色。
這個調味醬汁也很適合搭配炸物

■ 材料［便於操作的份量］

A 茄子（縱切對半後切成8mm厚斜片，
　　泡水除澀）…2條
⌐ 鹽…1/2小匙

B 青蔥（切末）…1根
　 柑橘醋醬油、橄欖油…各1大匙
　 砂糖…1/2大匙
⌐ 生薑泥（市售軟管）…2cm

■ 作法［調理器具：無］

1. 材料A放入塑膠袋中，於袋子外面充分揉捏後靜置5分鐘，確實擰乾水氣。

2. 材料B置於缽盆中混合，加入步驟1的茄子混合均勻。

魚露風味蒸茄子

半解凍微波時間

» 15秒（紙杯1個50ml）保鮮膜○

以微波爐迅速調理的異國風味菜色。
魚露的鹽份依照品牌各有差異，
請適量調整

■ 材料［便於操作的份量］

茄子（切成1口大小的滾刀塊）
　…2條（200g）
魚露…1又1/2大匙
檸檬汁、沙拉油…各1/2大匙
生薑泥、蒜泥（市售軟管）
　…各2cm

■ 作法［調理器具：微波爐］

1. 將所有材料放入耐熱容器中混合均勻，鬆鬆的覆蓋上保鮮膜，加熱3分鐘。取出後混合均勻。

舞菇炒蠔油

半解凍微波時間

» 15秒（紙杯1個50ml）保鮮膜✕

鮮味強烈的舞菇
與味道濃郁的蠔油非常搭。
也可以使用數種菇類

////////

■ 材料［便於操作的份量］

舞菇（分成小朵）…1包（150g）
沙拉油…1大匙
A 蠔油、酒…各2大匙
└ 味醂…1大匙

■ 作法［調理器具：平底鍋］

1. 將沙拉油放入平底鍋中，以
   中火加熱，放入舞菇拌炒3
   分鐘左右。
2. 加入混合好的材料A拌炒
   30秒即可。

菇類拌柑橘醋

半解凍微波時間

» 15秒（紙杯1個50ml）保鮮膜○

充滿柑橘醋與檸檬酸味的一道菜色。
又甜又鹹的菇類，
添加了酸味，味道更清新！

////////

■ 材料［便於操作的份量］

A 鴻禧菇（分小朵）
   …1包（150g）
   柑橘醋醬油…2大匙
└ 檸檬汁…1/2大匙
檸檬片（切成1/4圓片）…少許

■ 作法［調理器具：微波爐］

1. 將材料A放入耐熱容器中混
   合均勻，鬆鬆的覆蓋上保鮮
   膜，加熱2分鐘，取出後略
   略混合均勻。冷卻後放上檸
   檬片。

佃煮舞菇

半解凍微波時間

» 15秒（紙杯1個50ml）保鮮膜○

確實地將菇類釋放的水份燒乾，
可以預防冷凍時的結霜，拌飯也
很美味

////////

■ 材料［便於操作的份量］

舞菇（分成小朵）…1包（150g）
醬油、味醂…各2大匙
生薑泥（市售軟管）…2cm

■ 作法［調理器具：鍋子］

1. 將所有材料放入鍋中，以中
   火加熱。沸騰後轉小火，不
   時翻動加熱至湯汁收乾。

Point!!
以微波爐煮熟馬鈴薯的方法,請參考 P.51 的馬鈴薯燉肉食譜

Point!!
如果沒有日式柴魚風味白醬油的話,請以和風柴魚醬油(2倍濃縮)2又 1/3 大匙替代

中華風炸牛蒡

半解凍微波時間
» **15秒**(紙杯1個50ml)**保鮮膜○**

風味強烈的牛蒡
經過油炸香味倍增。
以名古屋炸雞翅的風味調味

■ **材料**［便於操作的份量］

A 牛蒡(切成4cm大小)…2條
└┄ 太白粉…1大匙
油炸用油…適量
B 砂糖、醬油…各2大匙
└┄ 胡麻油、炒過的白芝麻
　　…各1/2大匙

■ **作法**［調理器具:平底鍋、微波爐］

1. 將材料 **A** 放入塑膠袋中,晃動塑膠袋,使牛蒡沾裹上粉。

2. 鍋中放入2cm高的油炸用油,以中火加熱,放入步驟*1*的牛蒡油炸3分鐘。

3. 材料 **B** 放入耐熱容器中不要蓋上保鮮膜,加熱30秒左右,取出與步驟*2*混合。

微辣照燒馬鈴薯餅

半解凍微波時間
» **15秒**(1個)**保鮮膜○**

持續做了很多年的菜色
是我家小孩最喜歡吃的!
冷了之後也很Q、很適合便當

■ **材料**［8個］

A 馬鈴薯(燙熟之後搗成泥,
　　冷卻備用)…2個
└┄ 太白粉、水…各2大匙
沙拉油…4大匙
B 砂糖、醬油…各2大匙
└┄ 豆瓣醬、生薑泥(市售軟管)
　　…各少許

■ **作法**［調理器具:平底鍋］

1. 材料 **A** 放入缽盆中充分混合,分成8等份,整形成直徑4cm的扁圓形。

2. 將2大匙沙拉油放入平底鍋中以小火加熱,放入步驟*1*煎3分鐘左右,翻面後加入剩下的沙拉油繼續煎3分鐘,加入混合好的材料 **B**,加熱至收乾湯汁。

柚子胡椒蒸鴻禧菇

半解凍微波時間
» **15秒**(紙杯1個50ml)**保鮮膜○**

充滿了鮮味的一道菜,
卻只需要以微波爐加熱2分鐘這樣簡單。一次要煮很多菜的救星

■ **材料**［便於操作的份量］

鴻禧菇(分小朵)…1包(150g)
日式柴魚風味白醬油
　…1又1/2大匙
柚子胡椒、橄欖油…各1小匙

■ **作法**［調理器具:微波爐］

1. 將所有材料放入耐熱容器中混合均勻,鬆鬆的覆蓋上保鮮膜,加熱2分鐘。取出後略略混合均勻。

自由變化的冷凍蔬菜

只需汆燙熟之後冷凍而已！明明作法這樣簡單，卻非常好用的蔬菜。
只要遵守重點調理，不論是口感或是顏色都不會變差，可以美味保存

POINT

以鹽水汆燙蔬菜保持顏色，燙好之後泡冰水
這樣就可以防止餘溫過度加熱蔬菜，保持顏色鮮豔

以冷凍會讓蔬菜變軟的思考推理，縮短加熱時間

以鹽水汆燙蔬菜時，鹽份的參考濃度為 500ml 水對上 1/2 小匙鹽

(**最適合搭配燙蔬菜的手作醬料！**
用於涼拌或淋在燙過的半解凍蔬菜上。
可以搭配當日菜色變化使用非常方便利)

芥末油

■ 材料 [容易操作的份量]

橄欖油 …6大匙
醬油 …2大匙
芥末醬 …1小匙

■ 作法

1. 將所有材料混合均勻。

咖哩風味和風醬油

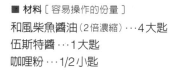

■ 材料 [容易操作的份量]

和風柴魚醬油 (2倍濃縮) …4大匙
伍斯特醬 …1大匙
咖哩粉 …1/2小匙

■ 作法

1. 將所有材料混合均勻。

黃豆粉胡麻醬

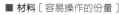
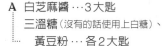

■ 材料 [容易操作的份量]

A 白芝麻醬 …3大匙
三溫糖 (沒有的話使用上白糖)、
黃豆粉 …各2大匙
B 醬油、酒 (煮過) …各3大匙
醋、炒過的白芝麻
…各2大匙

■ 作法

1. 將材料A放入缽盆中混合，
加入材料B充分混合均勻。

綠色花椰菜

| 半解凍微波時間 | » **15秒** (紙杯1個50ml) 保鮮膜〇 |

■ 作法 [調理器具：鍋子]

花椰菜分成小朵後，以沸騰的鹽水汆燙1分鐘，泡
冰水。略微降溫後擦乾水份，再以手將小朵的花
椰菜，1朵剝成3份。

秋葵

| 半解凍微波時間 | » **15秒** (紙杯1個50ml) 保鮮膜〇 |

■ 作法 [調理器具：鍋子]

以沸騰的鹽水汆燙1分鐘，泡冰水。略微降溫後擦
乾水份，切除蒂頭後切成小塊。

菠菜

| 半解凍微波時間 | » **15秒**（紙杯1個50ml）**保鮮膜○** |

■ **作法**［調理器具：鍋子］

以沸騰的鹽水汆燙1分鐘，泡冰水。略微降溫後擰乾水份，切除根部後切成4cm小段，再次確實擰乾水份。

四季豆

| 半解凍微波時間 | » **15秒**（紙杯1個50ml）**保鮮膜○** |

■ **作法**［調理器具：鍋子］

以沸騰的鹽水汆燙1分鐘，泡冰水。略微降溫後擰乾水份，切頭去尾後切成3cm小段。

綠蘆筍

| 半解凍微波時間 | » **15秒**（紙杯1個50ml）**保鮮膜○** |

■ **作法**［調理器具：鍋子］

切除根部較硬的部分，以沸騰的鹽水汆燙1分鐘，泡冰水。略微降溫後擦乾水份，切成4cm小段。

小松菜

| 半解凍微波時間 | » **15秒**（紙杯1個50ml）**保鮮膜○** |

■ **作法**［調理器具：鍋子］

以手拿著小松菜葉，從根部起至一半的部分，先放入沸騰的鹽水中汆燙1分鐘，（請注意不要燙到），接著以調理筷將葉子的部分也浸泡在滾水中，汆燙1分鐘，起鍋後泡冰水。略微降溫後擰乾水份，切除根部後切成4cm小段，再次確實擰乾水份。

便當中的常備〝裝飾〞菜色

稱不上是便當中的一道配菜，但卻是非常重要的裝飾菜色。
當便當看起來有點單調的時候，放入1個馬上會讓整體氣氛變得熱鬧

HOW TO CUT

01

以模型壓出花形

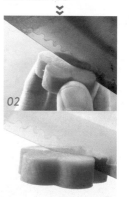

02

在花瓣與花瓣之間下刀，朝中心斜切出內淺外深的切痕，共計5刀。

03

將刀刃略略傾斜下刀，以削去花瓣表面的方式，由右朝左方以先淺漸漸加深斜切的方式切去。

完成！

胡蘿蔔花完成！如果覺得麻煩，僅以蔬菜模壓出花形也可以！

胡蘿蔔花

半解凍微波時間	» **10秒**（每1個）保鮮膜○

高湯入味的高雅風味。只需要有1個，
便當頓時看起來很講究

■ **材料**［容易操作的份量］

胡蘿蔔（切成1cm圓片）…1條
A 水 …200ml
　日式柴魚風味白醬油、味醂
　…各2大匙

■ **作法**［調理器具：鍋子］

1. 將胡蘿蔔以蔬菜模壓出花形後切花。
2. 將步驟*1*與材料**A**放入鍋中，蓋上落蓋，以大火加熱，沸騰後轉小火煮10分鐘左右。

紫蘇鹽漬白蘿蔔花

半解凍微波時間 》 10秒（每2個）保鮮膜○

依照自己喜好的顏色調整醃漬時間，完成後冷凍。
又酸又甜的味道，推薦用來當作最後一口享用的菜色

■ 材料 [容易操作的份量]

白胡蘿蔔（切成1cm圓片）…4片（180g）
A 砂糖…8大匙
  醋…6大匙
  紫蘇鹽…1小匙

■ 作法 [調理器具：無]

1. 將白蘿蔔以大‧小蔬菜模切出花形後切花（參考
   P.104）。
2. 將材料A置於容器中混合，放入步驟1蓋上廚房
   紙巾醃漬30分鐘～3個小時。

香味炒毛豆

半解凍微波時間 》 15秒（紙杯1個50ml）保鮮膜○

也可以將市售的冷凍毛豆直接放入便當中，
但多加一點功夫、就會更添美味

■ 材料 [便於操作的份量]

冷凍毛豆…100g
胡麻油…2大匙
A 顆粒雞高湯粉…1/2小匙
  胡椒…少許

■ 作法 [調理器具：平底鍋]

1. 將胡麻油放入平底鍋中以中火加熱，放入毛豆
   拌炒5分鐘左右，加入材料A略微混合均勻。

醬煮香菇

半解凍微波時間 》 15秒（每1個）保鮮膜○

一口咬下又甜又鹹的湯汁從香菇中釋出。
黑色最適合當作收斂色彩的角色！

■ 材料 [容易操作的份量]

香菇…6朵
A 水…200ml
  砂糖…3大匙
  醬油…2大匙
  和風顆粒高湯粉
    …1/3小匙

■ 作法 [調理器具：鍋子]

1. 香菇切除蒂頭後，在香菇
   表面切出十字切花。
2. 將步驟1與材料A放入鍋
   中，蓋上落蓋，以大火加
   熱，沸騰後轉小火煮10分
   鐘左右。

HOW TO CUT

01 》 02 》 完成！

在中心切出V字後，
拿掉切除的部分。

與步驟1呈直角，
一樣切出V字後拿
掉切除的部分。

香菇花完成！

Point!!
香菇請選菇傘沒有凹陷的使
用，這樣成品會比較漂亮。煮
過之後會縮水，所以請切出較
大的刀痕。

CHAPTER 05

麵・飯

在我們家、麵類或飯類也是事先調理過後以冷凍保存。
不僅可以滿足食慾旺盛兒子們便當的份量,用在隨手做好的省時便當也很方便

※ 推薦麵類全解凍(一部份半解凍)、飯類全解凍後再裝盒 ※ 冷凍保存期間為3週
※ 各食譜均標示麵類食譜全解凍或半解凍微波加熱參考時間;飯類標示全解凍微波加熱時間。
時間為參考值,請依照小份量尺寸調整加熱時間。

拿波里炒麵

全解凍微波時間 » **2分20秒**（1份・每130g）保鮮膜○

以炒麵麵條製作的拿波里義大利麵。與義大利麵不同，
不需要事先將麵條燙熟，冷掉之後也不容易黏在一起

■ 材料［約 130g・3 份］

炒麵用熟麵（切短之後撥鬆）‥‥2球
橄欖油‥‥2大匙
熱狗（切成小塊）‥‥4根
A 洋蔥（切薄片）‥‥1/2個
┊ 青椒（切絲）‥‥2個
B 番茄醬‥‥5大匙
┊ 顆粒雞高湯粉‥‥1/4小匙

■ 作法［調理器具：平底鍋］

1. 將橄欖油放入鍋中以中火加熱，放入熱狗拌炒
   2分鐘左右，加入材料**A**拌炒2分鐘左右。
2. 加入材料**B**繼續拌炒50秒，最後加入麵條繼續
   拌炒2分鐘。

Point!!
以筷子在裝麵條的袋子外面
壓過也可以切斷麵條。麵條
下鍋前，番茄醬確實炒過，
將多餘的水份炒乾，酸味降
低，風味會一整個濃縮

豬肉鮮菇義大利麵

全解凍微波時間 » **2分30秒**（1份・每200g）保鮮膜○

將充滿鮮味的食材組合成濃郁的風味。
加入韭菜營養滿分！
只需要有這一道就是令人大滿足的便當

■ 材料［約 130g・3 份］

義大利麵（對半折斷之後依照包裝指示煮熟）‥‥（燙煮之前）150g
胡麻油‥‥2大匙
A 薄切豬五花肉片（切成方便享用的大小）‥‥100g
┊ 鴻禧菇（分成小朵）‥‥1袋（150g）
┊ 韭菜（切成粗末）‥‥1/2把
B 和風柴魚醬油（2倍濃縮）‥‥2大匙
┊ 黑胡椒‥‥少許

■ 作法［調理器具：鍋子、平底鍋］

1. 義大利麵趁熱，加入2小匙沙拉油（份量外）拌勻。
2. 將胡麻油放入鍋中以中火加熱，放入材料**A**拌炒
   5分鐘。
3. 加入步驟1混合均勻後，加入材料**B**拌炒。

Point!!
義大利麵燙好之
後，馬上加油混
合，這樣就算冷
凍之後麵條也不
會黏在一起，更
方便享用

擔擔炒麵

全解凍微波時間 » **2分20秒**（1份·每160g）**保鮮膜**〇

攝影時大受好評！請各位務必試試的自信之作。
單純將配料炒過之後冷凍，在飯作成擔擔飯便當也不錯。

■ **材料**［約160g·3份］

炒麵用熟麵（切短之後撥鬆）⋯2球
A 胡麻油⋯2大匙
└ 豆瓣醬⋯1/3小匙
豬牛混合絞肉⋯100g
B 洋蔥（切末）⋯1/2個
└ 胡蘿蔔（切末）⋯1/2條
C 砂糖、醬油、白芝麻醬⋯各1大匙
└ 顆粒雞骨高湯粉、蒜泥（市售軟管）⋯各1/3小匙

■ **作法**［調理器具：平底鍋］

1. 將材料**A**放入鍋中以小火加熱，放入絞肉拌炒至
   肉末變色，加入材料**B**拌炒3分鐘左右。
2. 加入材料**C**繼續拌炒50秒，最後加入麵條繼續
   拌炒2分鐘左右。

> *Point!!*
> 絞肉炒過之後會產生很多油，在加入蔬菜之前
> 請先將油脂吸除，就算冷了之後也不會有結塊
> 的油脂。

花枝炒麵

全解凍微波時間 » **2分30秒**（1份·每180g）**保鮮膜**〇

加了很多彈牙的花枝。除了豬排醬還加入柴魚醬油，
味道會更有深度，是令人懷念的和風口味

■ **材料**［約180g·3份］

炒麵用熟麵（切短之後撥鬆）⋯2球
冷凍花枝（身）⋯2片（250g）
沙拉油⋯2大匙
洋蔥（切薄片）⋯1/2個
A 青蔥（切成4cm小段）⋯1/2把
└ 中濃豬排醬、和風柴魚醬油（2倍濃縮）⋯各2大匙

■ **作法**［調理器具：平底鍋］

1. 解凍花枝，表面切出格子狀的刀痕，切成1cm寬。
2. 將沙拉油放入鍋中以中火加熱，放入步驟*1*與洋蔥
   拌炒3分鐘。
3. 加入麵條繼續拌炒2分鐘，將材料**A**順著鍋子加
   入，繼續拌炒2分鐘。

味噌肉醬義大利麵

| 全解凍微波時間 | » **2分30秒**(1份‧每180g)保鮮膜〇 |

以甜甜的味噌搭配味道濃郁的絞肉,也很受小孩歡迎。
以少量的食材搭配好記的調味料做起來很簡單

■ **材料**[約180g‧3份]

義大利麵(對半折斷之後依照包裝指示煮熟)…(燙煮之前)150g
橄欖油…2大匙
A 豬牛混合絞肉…100g
└ 長蔥(切成粗末)…1根
B 砂糖、醬油、味噌、味醂…各1又1/2大匙

■ **作法**[調理器具:鍋子、平底鍋]

1. 義大利麵趁熱,加入2小匙沙拉油(份量外)拌勻。
2. 將橄欖油放入鍋中以中火加熱,放入材料**A**拌炒至肉末變色。
3. 加入材料**B**混合一下,加入步驟1略略拌炒均勻。

熱狗與菠菜的
簡單義大利麵

| 全解凍微波時間 |
| » **2分20秒**(1份‧每160g〔小份量分裝紙杯3個〕)**保鮮膜〇** |

以雞骨高湯風味調味的清爽義大利麵。
也可以使用培根取代熱狗

■ **材料**[約160g‧3份]

義大利麵(對半折斷之後依照包裝指示煮熟)…(燙煮之前)150g
沙拉油…2大匙
熱狗(切成7mm厚片)…6根
A 菠菜(切成4cm小段)…1/2把
醬油…1/2大匙
顆粒雞骨高湯粉…1/2小匙
└ 黑胡椒…少許

■ **作法**[調理器具:鍋子、平底鍋]

1. 義大利麵趁熱,加入2小匙沙拉油(份量外)拌勻。
2. 將沙拉油放入鍋中以中火加熱,放入熱狗拌炒2分鐘左右。
3. 加入步驟1混合一下,加入材料**A**拌炒均勻。

Point!!

義大利麵在分成小份時,可以使用叉子將麵條捲起來會比較容易分裝

Point!!

將剛煮熟的義大利麵馬上與奶油混合，所以可以省略拌入沙拉油的步驟。海苔絲如果與熱麵條混合將會變軟，請冷卻之後再添加

鱈魚子義大利麵

半解凍微波時間 » **25秒**（分裝紙杯1個（30g））保鮮膜○

在人氣義大利麵中加了一點點的醬油。除了分成1餐份量之外，分裝成這裡的1口大小尺寸也很方便

■ **材料**［約30g・分裝紙杯8個］

義大利麵（對半折斷之後依照包裝指示煮熟）
　（燙煮之前）150g

A 鱈魚子（去除薄膜）…1對（30g）
　奶油…10g
　醬油…1小匙

海苔絲…適量

■ **作法**［調理器具：鍋子］

1. 義大利麵趁熱與材料**A**放入缽盆中混合均勻，冷卻之後撒上海苔絲。

火腿綠花椰菜義大利麵

半解凍微波時間 » **25秒**（分裝紙杯1個（35g））保鮮膜○

以義大利麵取代沙拉，分成1口大小作成配菜。火腿與綠花椰菜營造出豐富的視覺效果

■ **材料**［約35g・分裝紙杯8個］

義大利麵（對半折斷之後依照包裝指示煮熟）
　…（燙煮之前）150g

鹽、黑胡椒…各1/4小匙

A 火腿片（對半切後切成細絲）…4片
　綠色花椰菜（分成小尺寸的小朵，以鹽水燙過）…1/4個
　美乃滋…3大匙
　檸檬汁…1小匙

■ **作法**［調理器具：鍋子］

1. 義大利麵趁熱放入缽盆中加入2小匙沙拉油（份量外）混合均勻。加入鹽、胡椒拌勻後靜置放涼。
2. 加入材料**A**充分混合均勻。

【 飯類冷凍保存的要領 】
飯類趁熱以保鮮膜包妥，略微降溫後冷凍。趁熱
以保鮮膜留住水蒸氣，或者放入保存容器中，保
留水份，加熱之後就會恢復鬆軟的狀態。以微波
爐完全解凍時，等蒸氣稍緩後才掀開保鮮膜或者
保存容器的蓋子，就會非常好吃。

味噌起司烤飯糰

全解凍微波時間 » **1分**(1個) 保鮮膜○

同為發酵食品的味噌搭配起司，鮮美的味道會更濃郁。
表面上色至微焦是美味的秘訣

■ 材料[8 個]

鹽味白飯糰…8個(3杯米)
A 砂糖、味噌、醬油、味醂…各2大匙
起司片(對角線斜切分成4等份)…2片

■ 作法[調理器具：電子鍋、烤箱]

1. 在烤盤鋪上鋁箔紙，放上飯糰烤5分鐘。塗上混
   合均勻的材料**A**烤5分鐘，至表面上色(烘烤期間
   如果有表面燒焦的狀態請蓋上鋁箔紙)。最後各別放上
   1片起司，繼續烤3分鐘。

Point!!
鹽味白飯糰的食鹽份量，1
碗白飯添加2小撮鹽

乾咖哩風炊飯

全解凍微波時間 » **3分**(1個270g) 保鮮膜○

以電子鍋簡單做出乾咖哩飯。
添加了豬排醬讓風味更溫潤鮮美

■ 材料[約270g・4 個]

A 米(洗過)…3杯
   水…600ml
   顆粒雞高湯粉、中濃豬排醬…各1大匙
   咖哩粉…1小匙
B 牛肉片(切碎)…100g
   韭菜(切成3cm小段)…1/2把
   奶油…5g

■ 作法[調理器具：電子鍋]

1. 將材料**A**放入電子鍋內鍋中混合均勻，靜置30
   分鐘。

2. 放入材料**B**以快煮模式煮飯，燜10分鐘左右。

Point!!
以快煮模式煮出粒粒
分明的米粒

鹽昆布與鮪魚炊飯

| 全解凍微波時間 | » **3分**（1個270g）**保鮮膜○** |

使用鮪魚罐頭與鹽昆布就可以不需要任何調味料。
胡麻油的風味成為味覺重點。作成飯糰也不錯

■ **材料**〔約250g・4個〕

A 米（洗過）…3杯
⌐… 胡麻油…1小匙
鮪魚罐頭（油漬，請將鮪魚與油分開）…1小罐（70g）
鹽昆布…25g

■ **作法**〔調理器具：電子鍋〕

1. 將材料**A**與鮪魚罐頭的油放入電子鍋內，鍋中加
   水（份量外）至3杯米的參考線，混合一下，靜置
   30分鐘。
2. 放入鮪魚與鹽昆布以正常模式煮飯，燜10分鐘
   左右。

鯖魚味噌薑絲炊飯

| 全解凍微波時間 | » **3分**（1個275g）**保鮮膜○** |

在部落格中大受好評的菜色。簡單取得的鯖魚罐頭加上
生薑提味。是令人會想反覆烹煮的高人氣美味

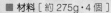

■ **材料**〔約275g・4個〕

A 米（洗過）…3杯
⌐… 日式柴魚醬油（2倍濃縮）…6大匙
味噌鯖魚罐頭（請將鯖魚與湯汁分開）…1罐（180g）
生薑（切絲、略略泡水）…15g
青蔥（切成末）…4根

■ **作法**〔調理器具：電子鍋〕

1. 將材料**A**與鯖魚罐頭的湯汁放入電子鍋，內鍋中
   加水（份量外）至3杯米的參考線，混合一下，靜
   置30分鐘。
2. 放入鯖魚與薑絲以正常模式煮飯，燜10分鐘左
   右，最後撒上青蔥花。

鮮蝦鍋飯

全解凍微波時間　» **3分**（1個275g）保鮮膜○

人氣的市售冷凍食品，鮮蝦鍋飯在自己家裡也做得出來。
不需要使用菜刀，按下電子鍋就完成了！

■ 材料［約275g·4個］

A　米（洗過）…3杯
　　水…600ml
　　顆粒高湯粉…1大匙
　　橄欖油…1小匙
　┈鹽、胡椒…各1/4小匙
蝦仁（以鹽水燙1分鐘）…150g
玉米粒罐頭（瀝除水份）…50g
乾燥巴西利葉（依照喜好）…適量

■ 作法［調理器具：電子鍋］

1. 蝦仁去除泥腸。
2. 將材料**A**放入電子鍋內鍋中略微混合，靜置30分鐘。
3. 加入步驟1與玉米粒以快煮模式煮飯，燜10分鐘左右，輕輕混合後撒上乾燥的巴西利葉。

> *Point!!*
> 以快煮模式煮出粒粒分明的米粒

叉燒炒飯

全解凍微波時間　» **3分**（1個220g）保鮮膜○

切成塊狀的叉燒滿足感非常好！紅、黃、綠色彩繽紛。
加入大塊的炒蛋讓炒飯顯得更豪華

■ 材料［約220g·3個］

溫熱的白飯…3碗份（540g）
胡麻油…4大匙
雞蛋（打成蛋液）…3個
叉燒（切成1cm塊狀）…100g
A　青蔥（切成蔥末）…4根
　　顆粒雞骨高湯粉…1小匙
　┈胡椒、醬油…各少許

■ 作法［調理器具：電子鍋，平底鍋］

1. 將胡麻油放入平底鍋中以中火充分加熱，一口氣倒入所有份量的蛋液，隨即放入白飯，讓米粒均勻沾裹上蛋液，一邊混合一邊拌炒3分鐘。
2. 加入叉燒拌炒3分鐘，加入材料**A**繼續拌炒2分鐘至均勻。起鍋後攤在調理盤中冷卻，冷卻後以保鮮膜包妥。

> *Point!!*
> 為了讓炒飯粒粒分明，請完全冷卻後再以保鮮膜包妥。由於保鮮膜內沒有多餘的水蒸氣，保有粒粒分明的口感直接冷凍、解凍。

Point!!

地瓜以清水浸泡5分鐘左右除澀,不僅顏色好看,澀味也會消除。地瓜飯直接放入便當中,推薦依照喜好撒上一點黑芝麻鹽。

地瓜飯

| 全解凍微波時間 | » **3分**(1個300g)**保鮮膜〇** |

請依照喜好加點鹽享用。
不僅是秋天、一整年都想吃!

■ **材料**[約300g・4個]

A 米(洗過)…3杯
　酒…2大匙
　鹽…1小匙
昆布(切成5cm小塊)…1片
地瓜(帶皮切成1口大小,泡水除澀)…1條

■ **作法**[調理器具:電子鍋]

1. 將材料**A**放入電子鍋內鍋中,加水(份量外)
   至3杯米的參考線,混合一下,放入昆布靜
   置30分鐘。

2. 取出昆布,放入地瓜,以正常模式煮飯,燜
   10分鐘左右。

鮮菇鮭魚炊飯

| 全解凍微波時間 | » **3分**(1個300g)**保鮮膜〇** |

不使用新鮮鮭魚而用鹽漬鮭魚烹調,加熱時香氣強烈,
冷卻後也能充分享受濃郁的鮭魚風味

■ **材料**[約300g・4個]

A 米(洗過)…3杯
　日式白醬油…3大匙
　味醂…1大匙
B 鹽漬鮭魚(烤過去骨,將魚肉弄碎)…3片
　鴻禧菇(分成小朵)…1包(150g)

■ **作法**[調理器具:電子鍋]

1. 將材料**A**放入電子鍋內鍋中,加水(份量外)至
   3杯米的參考線,混合一下,靜置30分鐘。

2. 放入材料**B**,以正常模式煮飯,燜10分鐘左右。

Point!!

沒時間時,可以使用鹽漬鮭魚鬆100g代
替,這樣時間就會縮短。沒有白醬油時可以
不要加味醂,改加入日式柴魚醬油(2倍濃
縮)6大匙代替。

可以捏起來的菜色！
冷凍飯糰餡料

將飯糰的餡料一次做好分成小份，作成球狀冷凍起來，
這樣一來會比鬆散的餡料更容易包，作成好吃的飯糰！

> 飯糰以 1 個為單位，
> 以保鮮膜包妥冷凍起來

HOW TO USE

STEP.01

將飯糰餡料以微波加熱
至半解凍，從保鮮膜上
方剪開。

> **注意 !!**
> 紙膠帶無法以
> 微波爐加熱。
> 所以請務必使用
> 布膠帶

STEP.02

將飯放在手心，中間做
出一個凹槽，將飯團餡
料放在凹槽裡，最後再
放白飯，將飯團捏成自
己喜歡的形狀。

燒肉飯糰餡

半解凍微波時間	» **10秒**（每1個）保鮮膜○

味噌基底的燒肉風味，加上洋蔥的甜味刺激食慾，
男孩子們最喜歡。最推薦作為社團活動的便當

■ **材料**［飯糰 10 個］

牛肉片（切碎）⋯150g
沙拉油⋯1/2大匙
A 洋蔥（切末）⋯1/2個
砂糖、醬油、味噌、味醂、胡麻油
⋯各1大匙
⋯蒜泥（市售軟管）⋯2cm

■ **作法**［調理器具：平底鍋］

1. 將沙拉油與牛肉放入平底鍋中，以中火加熱，炒至肉片變色。加入材料**A**拌炒3分鐘左右。起鍋後攤平在調理盤中冷卻，分成10等份以保鮮膜包妥。

甜辣蒟蒻炒肉飯糰餡

半解凍微波時間	» **10秒**（每1個）保鮮膜○

冷凍之後蒟蒻會脫水，口感提升。
又甜又辣，豆瓣醬的辣味非常下飯

■ **材料**［飯糰 10 個］

牛肉片（切碎）⋯150g
胡麻油⋯1大匙
蒟蒻（切成5mm小丁）⋯1塊（250g）
A 砂糖、醬油⋯各3大匙
⋯豆瓣醬⋯1/2小匙

■ **作法**［調理器具：平底鍋］

1. 將胡麻油放入平底鍋中，以中火加熱，放入蒟蒻拌炒3分鐘左右。加入牛肉炒至肉片變色，加入材料**A**拌炒2分鐘。起鍋後攤平在調理盤中冷卻，分成10等份以保鮮膜包妥。

咖哩肉末飯糰餡

半解凍微波時間	» **10秒**（每1個）保鮮膜○

就算是咖哩，作成飯糰餡一樣可以捏起來。
多做一點夾入三明治也很好吃

■ **材料**［飯糰 10 個］

豬牛混合絞肉⋯200g
沙拉油⋯1大匙
A 洋蔥（切末）⋯1/2個
蒜泥、生薑泥（市售軟管）
⋯各2cm
⋯咖哩粉⋯1小匙
B 中濃豬排醬、番茄醬⋯各2大匙
⋯蜂蜜⋯1小匙

■ **作法**［調理器具：平底鍋］

1. 將沙拉油與絞肉放入平底鍋中，以中火加熱，炒至肉末變色。加入材料**A**拌炒3分鐘，接著放入材料**B**繼續拌炒1分鐘。起鍋後攤平在調理盤中冷卻，分成10等份以保鮮膜包妥。

炒高菜飯糰餡

半解凍微波時間 » **10秒**（每1個）**保鮮膜○**

帶有酸味的醃漬高菜與胡麻油的風味很搭。
紅辣椒的辣味點綴整體味道

■ **材料**［飯糰 10 個］

A 醃漬高菜（切碎）…150g
　　紅辣椒（切成辣椒圈）…1/2 條
　　胡麻油…2 大匙
B 醬油、炒過的白芝麻
　　　…各 1 大匙

■ **作法**［調理器具：平底鍋］

1. 將材料**A**放入平底鍋中，以中火
　加熱拌炒3分鐘。加入材料**B**略
　略拌炒均勻。起鍋後攤平在調理
　盤中冷卻，分成10等份以保鮮
　膜包妥。

明太子美乃滋起司飯糰餡

半解凍微波時間 » **10秒**（每1個）**保鮮膜○**

一整塊的起司與明太子組合成濃郁的滋味！
塗在飯糰表面作成烤飯糰也不錯

■ **材料**［飯糰 10 個］

明太子（去除薄膜）…2 對（4 條80g）
零嘴起司塊（切成5mm小塊）
　…60g
美乃滋…5 大匙

■ **作法**［調理器具：無］

1. 將所有材料放入缽盆中混合均勻
　後，分成10等份以保鮮膜包妥。

炒雞鬆飯糰餡

半解凍微波時間 » **10秒**（每1個）**保鮮膜○**

讓含油的調味料確實與材料混合後才拌炒，
是操作的重點。就算冷了之後，肉也不會乾柴

■ **材料**［飯糰 10 個］

雞絞肉…200g
砂糖、醬油、酒…各 2 大匙
生薑（切末）…1 塊
沙拉油…1/2 大匙

■ **作法**［調理器具：平底鍋］

1. 將所有材料放入平底鍋中輕輕拌
　勻，以中火加熱拌炒5分鐘左
　右。起鍋後攤平在調理盤中冷
　卻，分成10等份以保鮮膜包妥。

Point!!
沒有白醬油時可以
改加入日式柴魚醬
油（2倍濃縮）1大匙
代替。

梅子青紫蘇雞胸飯糰餡

| 半解凍微波時間 | » 10秒（每1個）保鮮膜○ |

青紫蘇加上梅子的清爽，讓人上癮的美味！
與味道濃郁的菜餚是絕佳搭配

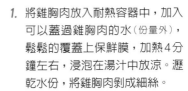

■ 材料［飯糰 10 個］

雞胸肉…4條（200g）
A 青紫蘇（切碎）…10片
　日式白醬油…1大匙
　梅子泥（市售軟管）…1小匙

■ 作法［調理器具：微波爐］

1. 將雞胸肉放入耐熱容器中，加入
可以蓋過雞胸肉的水（份量外），
鬆鬆的覆蓋上保鮮膜，加熱4分
鐘左右，浸泡在湯汁中放涼。瀝
乾水份，將雞胸肉剝成細絲。

2. 將步驟**1**與材料**A**放入缽盆中混
合均勻，分成10等份以保鮮膜
包妥。

蛋炒叉燒飯糰餡

| 半解凍微波時間 | » 10秒（每1個）保鮮膜○ |

以炒飯的味道為概念。整塊的叉燒從飯糰裡露出來，
孩子們應該會很雀躍

■ 材料［飯糰 10 個］

叉燒（切成1cm塊狀）…100g
A 雞蛋（打成蛋液）…3個
　味醂、醬油…各1小匙
　顆粒和風高湯粉…1/2小匙
沙拉油…2大匙

■ 作法［調理器具：電子鍋，平底鍋］

1. 將**A**放入缽盆中充分混合均勻。

2. 將沙拉油倒入平底鍋中以中火加
熱，放入步驟**1**，鍋子四周蛋液
開始凝固後，使用調理筷以畫大
圓的方式攪拌蛋液，放入叉燒拌
炒均勻。

3. 起鍋後攤平在調理盤中冷卻，分
成10等份以保鮮膜包妥。

焦香玉米與醬油柴魚片飯糰餡

| 半解凍微波時間 | » 10秒（每1個）保鮮膜○ |

玉米炒到微焦就會產生濃郁的香氣，
就像烤玉米的味道，我非常喜歡

■ 材料［飯糰 10 個］

A 玉米粒罐頭（拭除水份）…150g
　沙拉油…1大匙
B 柴魚片…5g
　醬油…1小匙

■ 作法［調理器具：平底鍋］

1. 將材料**A**放入平底鍋中，以中火
加熱，拌炒3分鐘，炒至焦香，
加入材料**B**略微拌炒。起鍋後攤
平在調理盤中冷卻，分成10等
份以保鮮膜包妥。

在此回答本書製作時，
在部落格募集，各種有關便當的提問

QUESTION
1

早上睡過頭的時候
便當怎麼辦？

將麵類或者有調味的飯類等，份量足夠的主食1道加上主菜1道就可以了。主食與主菜分別以不同容器裝盛，1道菜一個容器，就可以迅速的裝好，也不需要考慮搭配。

QUESTION
2

放入生菜葉，
擔心在吃的時候菜葉已經變質了…

生菜
（波士頓萵苣）

萵苣

捲葉萵苣

生菜（波士頓萵苣）、萵苣、捲葉萵苣等，選擇水份較少的萵苣使用就沒問題，這些都是適合裝入便當的生菜。請在裝盒前將菜葉洗好，確實的擦乾。生菜中最具代表性的美生菜水份較多，請避免便當使用。

QUESTION
3

請教不讓便當
淪為一成不變的訣竅！

以飯糰取代白飯，便當看起來就會很熱鬧，將飯友香鬆撒在外側也很新鮮！

番茄醬以各別容器裝入看起來就很時髦！

如果有一個甜點就很讓人開心！

明明菜色都有變化，但是看起來似乎一成不變…。這種時候改變裝盒的方式與配置，改變食材的切法也非常有效果。以飯糰取代白飯，或是在菜餚與白飯上加點海苔，將蛋卷切成正方形，放入甜點等。這些細節上的小小功夫，會讓氣氛大大的改變。

QUESTION
4

便當裝好了，
但怎麼看都不時髦

我想應該是看到了花樣與顏色太小孩子氣的菜餚紙杯。紙杯被看見，菜餚的份量就會看起來比較少，美觀度減半。可以將紙杯藏起來，增加菜餚的份量。此外，也可以使用透明或咖啡色等不顯目的紙杯。

請問有沒有什麼方法可以在冷凍庫中收納大量的菜餚？

保持清楚知道在哪裡有什麼的狀態，是很重要的。以下是我實踐的訣竅

上 段

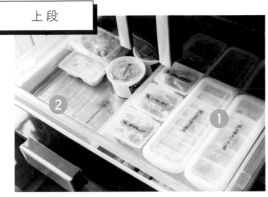

收納長方形、四角形、圓柱形等，容器本身有形狀特徵的場所。依照形狀排列好，取放也容易。

❶ 盡量不要有空隙　塞滿會讓冷凍效能提升。菜餚們會相互降溫，可以避免冷凍室開關時溫度上升。

❷ 準備一個地方存放想盡早享用的菜色　將賞味期限將至的菜色放在一起。馬上就可以找到需要優先享用完的菜餚，可以避免菜餚被遺忘。

下 段

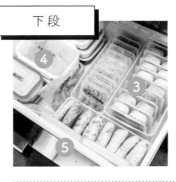

數量較多，以相同種類容器存放的菜色緊鄰，如果立起來放置，就可以迅速的放入取出，非常順手。

❸ 以日期順序排放　盒子內以製作日期的順序擺放。靠近外側的依序放置日期較久的，快過期的移至❷。

❹ 以盒子區隔　主菜、副菜、主食等，以一個盒子裝入一個種類的方式收納，這樣選擇菜色時會很順暢。

❺ 前方放置保冷劑　冰箱一打開熱空氣就會從門側進入，造成冷凍庫中溫度上升，在前方放置保冷劑，是為了避免熱空氣進入的巧思。

剩下一點點的檸檬、豌豆莢一類的食材，該怎麼辦才好？

冷凍起來，平時料理時使用。檸檬切成圓片，為了冷凍也不會黏在一起，撒上鹽或者砂糖。豌豆莢、四季豆用鹽水汆燙過之後冷凍，如果要用在加熱調理上，可以直接冷凍。不再加熱的情況，完全解凍之後以廚房紙巾確實擦乾水份再使用。

想知道飯糰可愛的包裝法

推薦使用CP值佳的百元店商品。裝飯糰用的盒子有各種款式與顏色，我想一定可以找到自己喜歡的。或者使用飯糰包裝紙，就可以像商店販售的一樣，享用到海苔鬆脆的飯糰。

8

水果也可以放入便當中嗎？

沒有問題，不過因為有適合與不適合的水果，所以還是要注意一下。適合的水果有蘋果、葡萄、柿子等，不會轉移味道的水果。草莓或柳橙會把味道轉移到菜餚上面，推薦使用另外的容器裝盛。

9

夏天會擔心便當變質，該怎麼做才好？

使用保冷劑與便當一同放進袋子中。調整保冷劑的尺寸與份量，選用不要過冷，也不要太早融化的使用。直接與便當接觸會過冷，請用毛巾包妥，也有防止保冷劑融化時，水滴流出的效果。

10

飯糰以保鮮膜包好之後攜帶，容易被壓扁，有沒有什麼好辦法？

使用家裡現有的東西就可以簡單解決！就是塑膠袋。在放入飯糰之後以空氣充滿袋子，只要緊閉開口就可以。就算被壓到也有空氣保護，飯糰不會被壓扁。

11

有什麼訣竅可以順暢的裝好便當？

請將裝便當使所需要的道具，準備至方便拿取的程度。例如，飯糰用的海苔，事先切好所需尺寸，或者將蠟紙裁切成最常用的尺寸放入盒中準備好。將早上需要做的手續減少，就可以順暢的進行。

12

擔心菜餚的味道會沾到木質的便當該怎麼辦才好？

可以使用蠟紙鋪在便當的底部與側面，這樣就沒問題。也可以使用保鮮膜取代蠟紙。這樣一來便當也不會弄髒，清洗時也很省事。

如果是 1 人份的便當, 以 1 週的份量來說, 應該要準備幾種菜色比較好?

如果以1週5天計算, 菜餚的種類有13種最理想。主菜4種配菜6種, 裝飾用菜色1個, 麵類與有調味的飯類各1種。菜色搭配列舉於如下。重點在於, 味道不會過重的主菜, 與綠、紅色等色彩不重複的配菜, 忘記煮飯或是時間不夠的早晨, 使用就算配菜不多也無妨的飯類或麵類庫存。此外, 準備一些可以簡單讓視覺提升的裝飾用菜色, 就非常方便。

┌─────────────── 主菜 ───────────────┐ ┌── 麵類·飯類 ──┐

| 醬油炸雞腿塊 | BBQ 肉丸子 | 馬鈴薯燉肉 | 梅子炸竹莢魚排 | 拿波里炒麵 | 叉燒炒飯 |
| → P.46 | → P.33 | → P.51 | → P.62 | → P.108 | → P.114 |

┌─────────────── 配菜 ───────────────┐ ┌── 裝飾用 ──┐

| 杏仁片鹽味奶油南瓜 → P.89 | 胡蘿蔔炒鱈魚子 → P.86 | 醋漬蓮藕 → P.96 | 梅子風味鹿尾菜 → P.80 | 冷凍燙菠菜 → P.103 | 冷凍燙綠蘆筍 → P.103 | 紫蘇鹽漬白蘿蔔花 → P.105 |

	主菜	配菜	裝飾用菜色或麵或飯	重點
周一 mon	醬油炸雞腿塊	冷凍燙綠蘆筍	拿波里炒麵	忙碌的一週開始, 菜色雖然比較少, 不過都是人氣的必備菜色
周二 tue	馬鈴薯燉肉	梅子風味鹿尾菜· 醋漬蓮藕· 冷凍燙菠菜	紫蘇鹽漬白蘿蔔花	炸物便當的隔天, 推薦使用清爽的和風菜色!
周三 wed	梅子炸竹莢魚排	胡蘿蔔炒鱈魚子· 冷凍燙菠菜	(飯糰)	1週過半搭配魚類料理均衡營養! 配菜也使用口味較重與顏色鮮豔的菜色。如果覺得份量不夠, 就以白飯取代飯團!
周四 thu	BBQ 肉丸子	冷凍燙綠蘆筍	叉燒炒飯	魚類便當的隔天使用肉類菜色! 使用CP值高的絞肉。在累積疲勞的日子裡, 以叉燒炒飯作成份量十足的便當。
周五 fri	醬油炸雞腿塊	杏仁片鹽味奶油南瓜· 冷凍燙蔬菜綠蘆筍	紫蘇鹽漬白蘿蔔花	受歡迎的菜色, 1週可以登場2次。只要不要兩天相連就沒問題。如果很在意的話, 可以淋上柑橘醋或醬料等口味清爽的醬汁, 做簡單的變化。

INDEX

Joy Cooking

日本常備菜教主「日日速配。冷便當」191道

作者　松本有美

翻譯　許孟菡

出版者 / 出版菊文化事業有限公司　P.C. Publishing Co.

發行人　趙天德

總編輯　車東蔚

文案編輯　編輯部

美術編輯　R.C. Work Shop

台北市雨聲街77號1樓

TEL：（02）2838-7996　　FAX：（02）2836-0028

法律顧問　劉陽明律師　名陽法律事務所

初版日期　2019年10月

定價　新台幣 350元

ISBN-13：9789866210693　　書　號　J137

讀者專線　（02）2836-0069

www.ecook.com.tw

E-mail　service@ecook.com.tw

劃撥帳號　19260956 大境文化事業有限公司

日本常備菜教主「日日速配。冷便當」191道

松本有美 著

初版. 臺北市：出版菊文化

2019　128面；19×26公分

（Joy Cooking系列；137）

ISBN-13：9789866210693

1.食譜

427.17　　108014082